职业教育"十三五"
数字媒体应用人才培养规划教材

动画设计与制作
Animate CC 2017

微课版

谭雪松 佘吉林 / 主编

U0300214

人民邮电出版社
北京

图书在版编目（CIP）数据

动画设计与制作——Animate CC 2017：微课版 /
谭雪松，佘吉林主编. -- 北京：人民邮电出版社，
2021.8
职业教育"十三五"数字媒体应用人才培养规划教材
ISBN 978-7-115-55248-8

Ⅰ. ①动… Ⅱ. ①谭… ②佘… Ⅲ. ①超文本标记语
言－程序设计－职业教育－教材 Ⅳ. ①TP312.8

中国版本图书馆CIP数据核字(2020)第220838号

内 容 提 要

本书由浅入深、循序渐进地介绍 Animate CC 2017 的基本操作方法和动画设计技巧。全书共 10 章，依次介绍 Animate CC 2017 动画制作基础、绘制基本图形、编辑图形、使用素材、制作逐帧动画、制作补间动画、制作图层动画、制作骨骼动画、ActionScript 3.0 编程基础、使用组件等基础内容。

本书可作为职业院校计算机专业"动画设计与制作"课程的教材，也可供动画设计爱好者学习参考。

◆ 主　编　谭雪松　佘吉林
　　责任编辑　马小霞
　　责任印制　王　郁　彭志环
◆ 人民邮电出版社出版发行　　北京市丰台区成寿寺路 11 号
　　邮编　100164　电子邮件　315@ptpress.com.cn
　　网址　https://www.ptpress.com.cn
　　北京联兴盛业印刷股份有限公司印刷
◆ 开本：787×1092　1/16
　　印张：14.75　　　　　　　　2021 年 8 月第 1 版
　　字数：376 千字　　　　　　 2021 年 8 月北京第 1 次印刷

定价：49.80 元

读者服务热线：(010)81055256　印装质量热线：(010)81055316
反盗版热线：(010)81055315
广告经营许可证：京东市监广登字 20170147 号

前 言　　　　　　　　　　Preface

随着多媒体技术和网络技术的发展，计算机动画在日常生活中的应用越来越广泛。例如，在网站上显示动态广告、用动画来演示大型机械的工作原理等。

Animate CC 的前身是 Flash，是网络应用开发的交互式矢量动画制作软件，可以用来制作各种动画，并且动画质量高、显示清晰，被广泛应用于网站设计、广告、视听、计算机辅助教学等领域。读者不但可以用它在动画中随意加入声音、视频、位图等，还可以制作具有交互操作的影片或者具有完备功能的网站。本书主要介绍使用 Animate CC 2017 中文版制作二维动画的一般方法和常用技巧。

本书由浅入深、循序渐进地介绍动画制作的基本知识，条理清晰、结构完整。在内容安排上，以基本操作为主线，通过一组精心设计的趣味实例介绍各类动画制作方法的具体应用，学生在学习过程中既可以模拟操作，也可以在此基础上进行改进，做到举一反三。本书还配有丰富的教学资源，包括实例的原始素材和最终效果、教学课件、相关知识点的动画演示等，为职业院校的教师提供了全新的立体化教学手段。

本书共 10 章，主要内容如下。

第 1 章：Animate CC 2017 动画制作基础。介绍二维动画制作基础、Animate CC 2017 中文版的特点和应用。

第 2 章：绘制基本图形。介绍绘制二维图形的基础知识、各种工具绘图的基本使用方法。

第 3 章：编辑图形。介绍使用编辑工具编辑图形的基本方法。

第 4 章：使用素材。介绍从外部导入图片、声音、视频等素材的基本方法。

第 5 章：制作逐帧动画。介绍逐帧动画的制作原理及其应用。

第 6 章：制作补间动画。介绍制作补间形状动画、传统补间动画和创建补间动画的方法。

前　言

第 7 章：制作图层动画。介绍引导层动画和遮罩层动画的制作方法及其应用。

第 8 章：制作骨骼动画。介绍骨骼动画制作原理及其应用。

第 9 章：ActionScript 3.0 编程基础。介绍程序在交互动画设计中的应用。

第 10 章：使用组件。介绍组件在交互动画设计中的应用。

全书结构清晰，每一章包含一个相对独立的教学主题和重点，并通过多个小节来具体阐释；每一个小节又通过若干个典型实例来细化讲解。本书采用以下结构要素。

◎ 学习目标：介绍本章要达到的主要知识目标与技能目标。

◎ 知识解析：介绍在制作实例的过程中要用到的工具及其属性，使学生在学习和操作过程中能知其然并知其所以然。

◎ 操作要点：详细介绍实例的操作步骤，并及时提醒学生应注意的问题。

◎ 习题：在每一章后准备了一组习题用以检验学生的学习效果。

教师一般可用 30 课时来讲解本书中的内容，再配以 42 课时的上机操作，即可较好地完成教学任务。总课时约为 72 课时，教师可根据实际需要进行调整。

由于编者水平有限，书中难免存在疏漏之处，敬请各位老师和同学指正。

编　者

2021 年 1 月

目 录

Contents

目 录

Contents

目　录

01

第1章
Animate CC 2017 动画制作基础

动画是一门艺术，也是一种传播思想和文化的重要手段。动画制作从最早的手绘发展到现在的计算机制作，动画制作软件起到了重要作用。Animate CC 2017 是当前制作二维动画的重要工具，本章将介绍 Animate CC 2017 的基础知识。

学习目标

- ✔ 了解动画制作原理。
- ✔ 熟悉 Animate CC 2017 的工作界面。
- ✔ 掌握使用 Animate CC 2017 进行动画制作的流程。

1.1 二维动画制作基础

【知识解析】

目前，动画遍布于人们生活中。人们在看电视、上网时，都可以看到动画的身影。

1.1.1 动画制作原理

我们看到的电影一种是用摄像机拍摄的真实景物，另一种是依靠人工或计算机绘制的虚拟景物，称为动画影片。二者虽然表现形式有所区别，但其基本原理具有相似性。

人们看到的物体消失后，如果两个视觉印象之间的时间间隔不超过 0.1s，前一个视觉印象尚未消失，后一个视觉印象已经产生并与前一个视觉印象融合在一起，就会形成"视觉暂留"现象。电影就是利用这一现象形成景物等活动的视觉效果的。

图 1-1 所示为一组连续变化的图片，只要将其放到连续的帧上，以一定的速度连续播放，就可以形成一个人物打斗的视觉效果。

图 1-1　一组连续变化的图片

1.1.2 图像的基本知识

Animate CC 2017 制作的作品包含图像和声音。下面介绍有关图像的基础知识。

1. 亮度、色调及饱和度

色彩的综合属性可用亮度、色调及饱和度来描述。

（1）亮度

亮度是光作用于人眼时所引起的明亮程度的感觉，它与被观察物体的发光强度有关。

（2）色调

色调是当人眼看到一种或多种波长的光时所产生的"彩色感觉"，它反映颜色的种类，决定颜色的基本特性，如红色、棕色就是指色调。

（3）饱和度

饱和度指的是颜色的纯度，即掺入白光的程度，或者说是指颜色的深浅程度，对于同一色调的彩色光线，饱和度越高，颜色越鲜明或越纯。

通常把色调和饱和度统称为色度。一般说来，亮度用来表示某颜色光的明亮程度，而色度表示颜色的类别与深浅程度。除此之外，自然界常见的各种颜色光都可由红（R）、绿（G）、蓝（B）3 种颜色光按不同比例混合而成，同样，绝大多数颜色光也可以分解成红、绿、蓝 3 种颜色光，这就形成了色度学中最基本的原理——三原色（RGB）原理。

2．分辨率

分辨率是影响位图图像质量的重要因素，分为屏幕分辨率、图像分辨率、显示器分辨率和像素分辨率。在处理位图图像时要理解这四者之间的区别。

（1）屏幕分辨率

屏幕分辨率是指在某一种显示标准下，以水平像素点数和垂直像素点数来表示计算机屏幕上最大的显示区域。例如，显示标准为 VGA 的屏幕分辨率为 640 像素×480 像素，显示标准为 SVGA 的屏幕分辨率为 1 024 像素×768 像素。

（2）图像分辨率

图像分辨率是指数字化图像的大小，以水平和垂直的像素点表示。当图像分辨率大于屏幕分辨率时，屏幕上只能显示图像的一部分内容。

（3）显示器分辨率

显示器分辨率是指显示器本身所能支持的显示方式下最大的屏幕分辨率，通常用像素点之间的距离来表示，即点距。点距越小，同样的屏幕尺寸可显示的像素点就越多，自然分辨率就越高。例如，点距约为 0.28mm 的 14 英寸显示器，它的分辨率为 1 024 像素×768 像素。

（4）像素分辨率

像素分辨率是指一个像素的宽和长的比例（也称为像素的长度比）。在像素分辨率不同的计算机上显示同一幅图像，会有不同的显示效果。

3．色彩深度

色彩深度是指图像中可能出现的不同颜色的最大数目，它取决于组成该图像的所有像素的位数之和，即位图图像中每个像素所占的位数。例如，图像色彩深度为 24，则位图图像中每个像素有 24 个颜色值，可以包含 16 777 216 种不同的颜色，称为真彩色。

生成一幅位图图像时，要对图像中的色调进行采样，调色板由此产生。调色板是包含不同颜色的颜色表，其颜色数依图像色彩深度而定。

4．图像文件的大小

图像文件的大小是指在磁盘上存储整幅图像所占的字节数，可按以下公式进行计算。

文件字节数＝图像分辨率（高×宽）×图像色彩深度÷8

例如，一幅分辨率为 1 024 像素×768 像素的真彩色图像所需的存储空间为：

1 024×768×24÷8 = 2 359 296（B）= 2 304（KB）。

显然，图像文件所需的存储空间较大，因此存储图像时应采用相应的压缩技术。

5. 图像类型

数字图像最常见的有 3 种：图形、静态图像和动态图像。

（1）图形

图形一般是指利用绘图软件绘制的简单几何图案及其组合，如直线、椭圆、矩形、曲线或折线等。

（2）静态图像

静态图像一般是指利用图像输入设备得到的真实场景的反映，如照片、印刷图像等。

（3）动态图像

动态图像由一系列静止画面按一定的顺序排列而成，这些静止画面称为动态图像的"帧"。每一帧与其相邻帧的内容略有不同，当帧画面以一定的速度连续播放，由于视觉暂留现象形成了连续的动态效果。

> 动态图像一般包括视频和动画两种类型：对现实场景的记录称为视频，利用动画软件制作的二维或三维动态画面称为动画。为了使画面流畅且没有跳跃感，视频的播放速度一般应达到每秒 24～30 帧，动画的播放速度要达到每秒 20 帧以上。

6. 常见的图像格式

静态图像存储格式主要有 BMP、GIF（Graphics Interchange Format）、JPEG（Joint Photographic Experts Group）、TIFF（Tag Image File Format）、PCX、TGA（Tagged Graphics）、WMF（Windows Metafile）、EMF（Enhanced Metafile）和 PNG（Portable Network Graphics）等。

常用的视频文件格式主要有 AVI（*.avi）、QuickTime（*.mov/*.qt）、MPEG（*.mpeg/*.mpg/*.dat）、Flash Video（*.flv）和 RealVideo（*.rm）等。

1.2 Animate CC 2017 简介

【知识解析】

Animate CC 目前在二维动画制作领域占有重要地位。经过不断的完善和发展，Animate CC 2017 较以前的版本有了更加人性化的设计。

1.2.1 Animate 动画的特点

Animate CC 的前身是 Flash，Flash 的前身是 FutureWAVE 公司的 Future Splash。Future Splash 是早期流行的商用二维矢量动画软件，用于设计和编辑 Flash 文档。

用 Animate CC 制作的动画是矢量格式的动画，具有体积小、兼容性好、直观动感、互动性强、支持 MP3 格式的音乐等诸多优点，是当今流行的网络动画。

1. 文件的数据量小

Animate CC 动画文件的数据量非常小。与位图图像相比，矢量图形需要的内存和存储空间小很多，因为它们是以数学公式而不是以大型数据集来表示的。位图图像的数据量之所以大，是因为图像中的每个像素都需要一组单独的数据来表示。

2．质量高

由于矢量图形可以做到真正的无限放大，因此不仅始终可以完全显示，而且不会降低质量。而一般的位图图像在放大后容易让人看到一个个锯齿状的色块。

3．交互性好

一般的动画制作软件，如 3ds Max、Maya 等，只能制作标准的顺序动画，即动画只能连续播放。借助 ActionScript 的强大功能，Animate CC 不仅能制作出各种精彩炫目的顺序动画，也能制作出复杂的交互式动画，使用户可以对动画进行控制。这是 Animate CC 的一个非常重要的特点，它有效地扩展了动画的应用领域。

4．采用流媒体播放技术

Animate CC 动画采用了边下载边播放的"流式"（Streaming）技术，用户不是等到动画文件全部下载到本地后才能观看，而是"即时"观看。这实现了动画的快速显示，减少了用户的等待时间。

5．视觉效果丰富

Animate CC 动画有崭新的视觉效果，比传统的动画更加新颖、炫目、精彩。不可否认，它已经成为一种新时代的艺术表现形式。

6．成本低廉

制作 Animate CC 动画的成本非常低，使用 Animate CC 制作动画能够大大减少人力、物力资源消耗。同时，制作时间也会大大减少。

1.2.2　Animate CC 2017 的工作界面

启动 Animate CC 2017，进入图 1-2 所示的初始界面。

1．功能模块

初始界面包括以下 3 个主要的功能模块。

◎ 【打开最近的项目】：用于快速打开最近一段时间使用过的文件。

◎ 【新建】：用于选择新创建的内容。

◎ 【模板】：用于选择软件提供的模板来创建新文件。

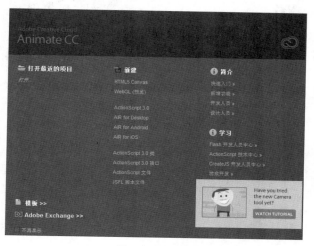

图 1-2　初始界面

2. 文档类型

在初始界面的【新建】模块中可以创建以下类型的文档。

◎ HTML5 Canvas：创建能在使用 HTML 和 Java 脚本的浏览器中播放的动画，可以通过在 Animate CC 或最终发布的文件中插入 Java 脚本来增强交互性。

◎ WebGL（预览）：制作纯动画素材，可以充分利用图形硬件加速支持。

◎ ActionScript 3.0：创建可以通过 Flash Player 播放和交互的动画。ActionScript 3.0 是 Animate CC 脚本语言的较新版本。

◎ AIR for Desktop：创建能在 Windows 或 macOS 操作系统的桌面上作为应用程序的动画。

◎ AIR for Android/ AIR for iOS：创建可以在操作系统为 Android 或 iOS 的移动设备上播放的动画。

 提示
　　选择不同的文档类型后，系统支持的工具或特性并不完全相同。例如，在 WebGL 中不支持文本，在 HTML 5 Canvas 中不支持 3D 旋转。不支持的工具将在界面上显示为灰色不可用状态。此外，Animate CC 2017 仅支持 ActionScript 3.0，不支持 ActionScript 2.0 和 ActionScript 1.0。

3. 工作界面

单击图 1-2 中的 ActionScript 3.0 选项，新建一个 Animate CC 文档，进入图 1-3 所示的 Animate CC 2017 工作界面，其中包括菜单栏、场景、编辑栏、工作区切换台、时间轴、图层管理区、工具面板、【属性】面板、【库】面板等内容。

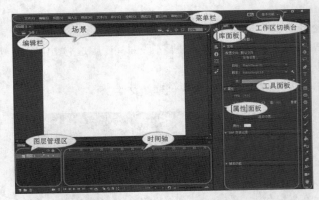

图 1-3　Animate CC 2017 工作界面

（1）菜单栏

菜单栏中包括【文件】、【编辑】、【视图】、【插入】、【修改】、【文本】、【命令】、【控制】、【调试】、【窗口】和【帮助】等菜单，每个菜单包含若干菜单项，提供了文件操作、编辑、视窗选择、动画帧添加、动画调整、字体设置、动画调试和打开浮动面板等常用命令。

（2）场景

当前编辑的动画窗口中，能编辑动画的整个区域叫作场景，如图 1-4 所示。由于设计的需要，设计中常更换不同的场景，每个场景都有不同的名称，即场景夕。

（3）舞台

用户可以在整个场景内进行图形的绘制和编辑工作，但是最终动画仅显示场景中白色（也可能是其他颜色，这是由动画属性设置的）区域的内容，这个区域被称为舞台。舞台是绘制和编辑动画内容的矩形区域，动画内容包括矢量图形、文本框、按钮、导入的位图图像或视频剪辑文件等。动画在播放时仅显示舞台上的内容，舞台之外的内容是不显示的。

（4）后台

舞台之外的灰色区域的内容在最终的作品中是不显示的，这个区域称为后台。设计动画时往往要利用后台做一些辅助工作。如同演出，在舞台之外（后台）可能要做许多准备工作，但真正呈现给观众的只是舞台上的"表演"。

图1-4　场景

（5）工作区

工作区是指整个界面，包括界面的大小、各个面板的位置形式等。用户可以自定义工作区：按照自己的使用需要和个人爱好对界面进行调整，然后选择【窗口】/【工作区】/【新建工作区】命令，就可以将当前的工作区风格保存下来。

4. 编辑栏

在编辑栏可以对场景进行设计，例如在创建的多个场景中进行切换、编辑场景以及设置舞台比例等，如图1-5所示。

图1-5　编辑栏

5. 工作区切换台

Animate CC 2017的界面非常人性化，为用户提供了多个界面方案，单击图1-3所示的工作区切换台即可选择界面方案，如图1-6所示。在不同的界面方案中将依据各面板的重要性不同，重新调整其大小和排列顺序。

例如，【动画】工作区把时间轴置于顶部，如图1-7所示，使用户操作更加方便。本书将使用【基本功能】工作区进行介绍。

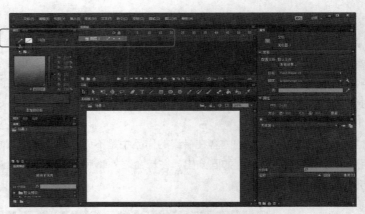

图1-6　选择工作区

图1-7　【动画】工作区

提示

　　设计过程中移动了面板的位置后，如果希望重新回到最初的排列状态，可以选择【窗口】/【工作区】/【重置"基本功能"】命令来重置工作区。

6. 时间轴

　　时间轴用于组织和控制文档内容在一定时间内播放的顺序和方式，用来控制各个场景的切换以及各个对象出场、表演的时间顺序。

　　【时间轴】面板包括帧编号、播放头以及一些信息指示器，如图1-8所示。时间轴显示文档中哪些地方有动画，包括逐帧动画、补间动画和运动路径，可以在时间轴中插入、删除、选择和移动帧，也可以将帧移动到同一图层中的不同位置，或是移动到不同图层中。

图1-8　【时间轴】面板

提示

　　帧是进行动画创作的基本时间单元，关键帧是对内容进行了编辑的帧，或包含修改文档的"帧动作"的帧。Animate CC 可以在关键帧之间补间或填充帧，从而生成流畅的动画。

7. 图层管理区

　　图层就像透明的幻灯片一样，可一层层地向上叠加。用户可以利用图层组织文档中的插图，也可以在图层上绘制和编辑对象，而不会影响其他图层上的对象。如果一个图层上没有内容，就可以透过它看到下面的图层。

　　创建一个新的 Animate CC 文档后，其上包含一个图层。用户可以添加更多的图层，以便在文档中组织插图、动画和其他元素。可以创建的层数只受计算机内存的限制，而且图层不会增加发布的SWF 文件的文件大小。

8. 【工具】面板

　　Animate CC 2017 利用面板方式组织常用工具，以方便用户查看、组织和更改文档中的元素。拖动【工具】面板的标题栏，可以将其独立出来，如图 1-9 所示，或与其他面板组合在一起，如图

1-10 所示。用户可以同时打开多个面板，也可以将暂时不用的面板关闭或缩小为图标（在标题栏上单击鼠标右键，在弹出的快捷菜单中选择【折叠为图标】），如图 1-11 所示。

图 1-9　独立的【工具】面板

图 1-10　和其他面板组合在一起的【工具】面板

图 1-11　折叠为图标

　　用户可以通过【窗口】/【工具】菜单命令来选择是否显示【工具】面板，其中包含各种设计工具，可以绘图、上色、选择和修改插图，还可以更改舞台的视图。面板上包括以下工具。

◎【绘图】工具：包含绘图、编辑、着色、擦除、骨骼等设计工具。

◎【视图】工具：包含在应用程序窗口内进行缩放和移动的工具。

◎【颜色】工具：包含用于选择笔触颜色和填充颜色的工具。

提示

　　　　面板可以根据用户的需要进行拖动和组合，一般将某一面板拖动到另一个面板的临近位置，它们就会自动组合在一起；若拖动到靠近右侧边界，面板就会折叠为相应的图标。

　9.【属性】面板

　　使用【属性】面板可以很方便地查看舞台或时间轴上当前选定的文档、文本、元件、位图图像、帧或工具等的信息和设置情况。当选定了两个或两个以上不同类型的对象时，它会显示选定对象的总数。【属性】面板会根据用户选择的对象的不同而变化，以反映当前对象的各种属性。

　10.【库】面板

　　【库】面板用于存储和组织在 Animate CC 中创建的各种元件和导入的文件，包括位图图像文件、声音文件和视频剪辑文件等。【库】面板可以组织文件夹中的库项目，查看项目在文档中使用的频率，并按类型对项目排序。

1.2.3　Animate CC 2017 的常用操作

　　为了完整了解计算机动画的制作方法，下面介绍一些 Animate CC 2017 的常用操作。

【操作要点】

　1. 文档的保存与打开

　　文档编辑完成后应当进行保存。另外，即使是在编辑的过程中，也应当及时保存文档，以免由于某种意外情况而导致文档丢失或被破坏。

步骤❶ 选择菜单命令【文件】/【保存】，打开图 1-12 所示的【另存为】对话框，在其中选择文件的保存类型和输入文件名。

提示

　　　　Animate CC 2017 支持中文文件名。因此，为了使文件便于理解和使用，最好使用中文文件名。

步骤②　选择文件的保存位置，然后单击 保存(S) 按钮，则当前文件被保存。

步骤③　选择菜单命令【文件】/【关闭】，可以关闭当前文件。

步骤④　选择菜单命令【文件】/【打开】，打开【打开】对话框，选择需要打开的文件夹，其中罗列了当前文件夹下的文件，如图 1-13 所示。

图 1-12　【另存为】对话框　　　　　　　　图 1-13　【打开】对话框

步骤⑤　在该对话框中选择需要打开的文件，然后单击 打开(O) 按钮，则该文件被调入 Animate CC 中并打开。用户可以对其进行编辑。

2．测试动画

通过测试动画可以快速查看设计效果。

步骤①　打开素材文件"素材\第 1 章\蜡烛熄灭.fla"。

步骤②　选择菜单命令【控制】/【测试影片】/【在 Animate 中】，进入动画测试环境，将打开新窗口显示测试结果，如图 1-14 所示。

步骤③　选择菜单命令【控制】/【测试影片】/【在浏览器中】，可以在浏览器中显示测试结果，如图 1-15 所示。

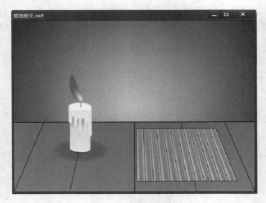

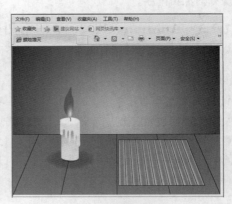

图 1-14　测试结果 1　　　　　　　　　图 1-15　测试结果 2

3. 导出作品

利用导出命令可以将作品导出为影片或图像。例如，可以将作品导出为 Flash 影片、一系列位图图像、单一的帧或图像文件以及不同格式的活动图像、静止图像等，其格式包括 GIF、JPEG、PNG、BMP、PICT、QuickTime 或 AVI 等。

步骤① 打开素材文件"素材\第 1 章\飞翔的飞机.fla"，如图 1-16 所示。

图 1-16 打开素材文件

步骤② 选择菜单命令【文件】/【导出】/【导出图像】，弹出【导出图像】对话框，如图 1-17 所示。设置参数后单击 保存 按钮，可以导出一个只包含当前帧的单个图像文件。

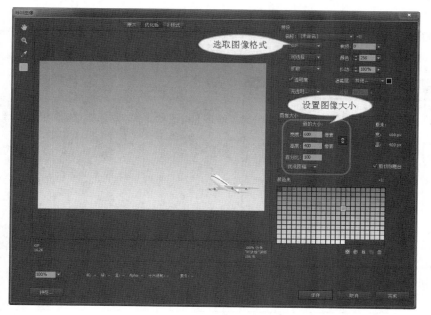

图 1-17 【导出图像】对话框

步骤③ 选择菜单命令【文件】/【导出】/【导出影片】，弹出【导出影片】对话框。

① 设置保存类型为"JPEG 序列"，如图 1-18 所示。

② 设置文件的名称和保存位置。

③ 单击 保存(S) 按钮，接受默认设置后，可以导出一组连续的序列图像（一组画面连续变化的图像），如图 1-19 所示。

图 1-18　设置保存类型

图 1-19　导出序列图像

步骤④ 选择菜单命令【文件】/【导出】/【导出影片】，弹出【导出影片】对话框。

① 设置保存类型为"SWF 影片"。

② 设置文件名和保存位置，如图 1-20 所示。

③ 作品被导出为一个独立的 Flash 动画文件。

④ 根据设定的位置找到刚才导出的文件，双击该文件即可播放动画，如图 1-21 所示。这说明动画文件已经可以脱离 Animate CC 2017 编辑环境而独立运行。

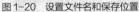

图 1-20　设置文件名和保存位置

图 1-21　播放动画

要运行 SWF 格式的文件，用户的计算机中需要安装 Flash Player（播放器）。Flash Player 有多个版本，用户可以从网上下载安装使用。

步骤❺ 选择菜单命令【文件】/【导出】/【导出视频】，弹出【导出视频】对话框，如图 1-22 所示。设置保存路径后，作品被导出为一个".mov"格式的视频文件。

步骤❻ 选择菜单命令【文件】/【导出】/【导出动画 GIF】，弹出【导出图像】对话框，接受默认设置即可导出一个动态的 GIF 动画。

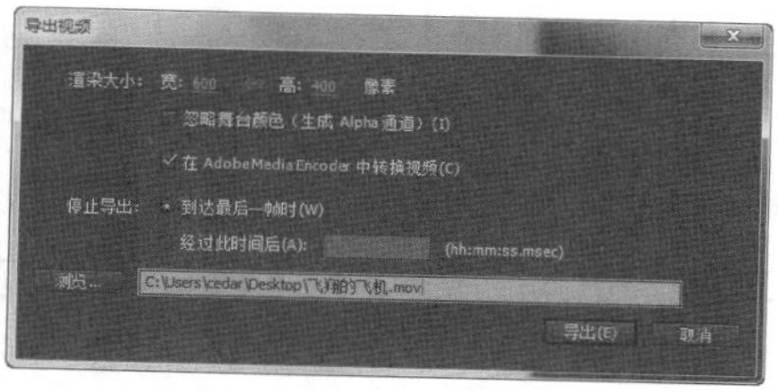

图 1-22 【导出视频】对话框

4. 发布作品

使用发布命令可以创建 SWF 格式的文件，并将其插入浏览器窗口中的 HTML 文档，也可以用其他文件格式（如 GIF、JPEG、PNG 和 QuickTime 格式）发布 FLA 格式的文件。

步骤❶ 打开素材文件"素材\第 1 章\下雨.fla"。

步骤❷ 选择菜单命令【文件】/【发布设置】，弹出【发布设置】对话框，如图 1-23 所示。可以根据设计需要进行以下设置。

① 在【发布】中，可以选择在发布时要导出的作品格式，可以根据需要选择其中的一种或几种格式。

② 任意选中一种格式，可在右侧为其设置详细参数。

③ 发布作品的默认目录是当前文件所在的目录，也可以选择其他的目录。单击 📁 按钮即可设置其他目录。

步骤❸ 设置完毕，如果单击 确定 按钮，则保存设置并关闭【发布设置】对话框，但并不发布作品。只有单击 发布(P) 按钮后才会按照设定的文件类型发布作品。

步骤❹ 选择菜单命令【文件】/【发布】，可以按照【发布设置】对话框中的参数设置快速发布作品。

步骤❺ Animate CC 2017 能够发布 11 种不同格式的作品，当选择了要发布的格式后，相应格式文件的参数就会显示在对话框右侧。选中"Flash（.swf）"后，其参数设置如图 1-24 所示。

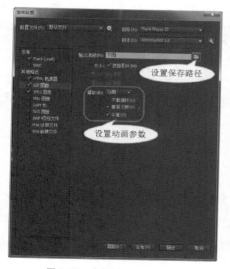

图 1-23 【发布设置】对话框

图 1-24 参数设置

【知识解析】

下面简单介绍其中几个主要的功能选项。

◎【目标】：设置 Flash 作品的播放器版本，可以选择 Flash Player 10 ～ 23 的各个版本。如果设置的播放器的版本较高，则当前要生成的作品无法使用较低版本的 Flash Player 播放。

◎【脚本】：选择影片动作脚本的版本号。不同版本的 ActionScript 的语法要求不完全相同，因此对于 Flash 8 及其以前的版本，应选择 ActionScript 2.0；对于 Flash CS4、Flash CS5、Flash CS6以及 Animate CC 2017 应选择 ActionScript 3.0。

◎【JPEG 品质】：若要对位图图像进行压缩设置可以调整"JPEG 品质"参数的大小。图像品质越低（高），生成的文件就越小（大）。其值为 100 时，图像品质最佳，压缩比最小。

◎【音频流】/【音频事件】：设定作品中音频素材的压缩格式和参数。要为影片中的所有音频流或音频事件设置采样率和进行压缩设置，可以单击【音频流】或【音频事件】右侧链接，然后在【声音设置】对话框中设置【压缩】、【比特率】、【品质】选项的参数。

只要下载的前几帧中有足够的数据，音频流就会开始播放，并与时间轴同步。而音频事件必须下载完毕才能开始播放，除非明确停止，否则它将一直连续播放。

◎【压缩影片】：可以压缩影片，从而减少文件大小、缩短下载时间。

◎【包括隐藏图层】：导出文档中所有隐藏的图层。取消对该选项的勾选，将阻止把文档中标记为隐藏的图层（包括嵌套在影片剪辑元件内的图层）导出。

◎【生成大小报告】：在导出作品的同时将生成一个报告（文本文件），按文件列出最终影片的数据量。该文件与导出的作品文件同名。

◎【允许调试】：激活调试器并允许远程调试影片。如果勾选该选项，可以选择用密码保护影片。

◎【防止导入】：可防止其他人导入影片并将它转换回设计文档。可使用密码来保护 SWF 格式的文件。

通常这些选项大多不需要修改，但是如果要将作品发布给普通用户使用，还是建议选择版本较低的播放器。

1.2.4 图层的概念和基本操作

在传统动画制作过程中，人们经常将动画内容分解到若干张透明胶片上，然后叠加在一起实现动画效果。例如人物在某个背景中运动，由于背景没有变化，所以可以将人物的运动过程单独绘制在透明胶片上，然后叠加到背景上，这样就避免了每一帧都必须绘制背景的烦琐操作。

1. 图层的概念

在 Animate CC 2017 中，图层可以看成透明胶片，在舞台上一层层地向上叠加。相互叠加在一起的图层形成一定的遮挡关系，上面图层中的内容会遮挡下面图层中的内容，透过上面图层中没有内容的区域可以看到下面图层中的内容，各个图层的内容如图 1-25 所示。

在 Animate CC 2017 中可以建立多个图层，只要计算机的内存足够大，其数量没有限制。最终发布的作品并不包含制作中的图层信息，因此，图层数量不会影响最终发布作品的大小。

在 Animate CC 动画中，图层分为一般层、引导层、运动引导层、被引导层、遮罩层和被遮罩层，其作用各不相同。除特别说明外，本书中所说的图层都指一般层。其余图层的用法将在后文中介绍。

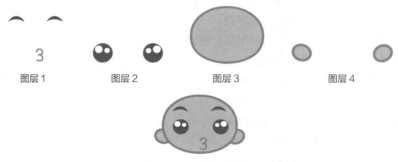

图层1　　　图层2　　　图层3　　　图层4

图 1-25　各个图层的内容

2. 图层操作

新建 Animate CC 文档后，通常都会在图层管理区创建一个名为"图层 1"的图层，如图 1-26 所示。在其上单击鼠标右键，打开的快捷菜单如图 1-27 所示。从中选择相应的命令就可以对图层进行设置和管理。

图 1-26　图层 1

图 1-27　快捷菜单

快捷菜单中常用命令的功能如下。

◎【显示全部】：显示所有隐藏的图层和图层文件夹。

◎【锁定其他图层】：锁定除当前图层或图层文件夹以外的其他图层或图层文件夹。

◎【隐藏其他图层】：隐藏除当前图层或图层文件夹以外的其他图层和图层文件夹。

◎【显示其他透明图层】：显示设置其他透明图层。

◎【插入图层】：在当前图层或图层文件夹上插入一个新图层。

◎【删除图层】：删除当前图层。

◎【剪切图层】：对图层进行剪切操作。

◎【拷贝图层】：对图层进行拷贝操作。

◎【粘贴图层】：粘贴剪切或拷贝的图层。

◎【复制图层】：复制指定图层，不需要执行粘贴操作就能创建副本。

◎【引导层】：将当前图层设置为引导层。

◎【添加传统运动引导层】：在当前图层上增加一个运动引导层。

◎【遮罩层】：将当前图层设置为遮罩层。

◎【显示遮罩】：在舞台上显示遮罩效果。

◎【插入文件夹】：在当前图层或图层文件夹上插入一个图层文件夹。

◎【删除文件夹】：删除当前图层文件夹。

◎【展开文件夹】：展开当前图层文件夹，显示其中的图层。

◎【折叠文件夹】：折叠当前图层文件夹。

◎【展开所有文件夹】：展开所有图层文件夹，显示其中的图层。

◎【折叠所有文件夹】：折叠所有图层文件夹。

◎【属性】：打开【图层属性】对话框。

选择菜单命令【修改】/【时间轴】/【图层属性】，也可以打开【图层属性】对话框，如图 1-28 所示。其中各选项的功能如下。

◎【名称】：修改图层名，使其容易识别。

◎【锁定】：选中后锁定图层。

◎【可见】：选中后显示图层。

◎【透明】：设置图层的透明度，其值越大，透明度越低。

◎【不可见】：选中后隐藏图层。

◎【类型】：选择图层的类型，可将新建图层设置为一般图层、遮罩层、被遮罩层、文件夹或引导层。

◎【轮廓颜色】：勾选【将图层视为轮廓】复选框，将以所选的颜色显示图层轮廓线。

◎【图层高度】：设置该图层在图层管理区的显示高度。

图1-28　【图层属性】对话框

3．设置图层和图层文件夹

图层和图层文件夹的基本操作如下。

（1）选中图层或图层文件夹

在图层管理区中选择图层或图层文件夹，可以采用以下方法。选中的图层将带有彩色背景（如橙黄色），如图 1-29 所示。

◎ 在图层名或图层文件夹名处单击。

◎ 在图层中的任意帧处单击。

◎ 在舞台上选择对应图层中的对象。

◎ 按住 Ctrl 键单击图层名，可以逐个选择多个图层；按住 Shift 键单击两个图层名，其间的所有图层都将被选中。

（2）创建新图层或图层文件夹

在图层管理区中创建新图层或图层文件夹，如图 1-30 所示，可以采用以下方法。

◎ 在图层管理区底部单击▤按钮插入一个新图层，单击▤按钮插入一个新图层文件夹。单击🗑按钮删除选定的图层或图层文件夹。

◎ 选择菜单命令【插入】/【时间轴】/【图层】，插入一个新图层；选择菜单命令【插入】/【时间轴】/【图层文件夹】，插入一个新图层文件夹。

◎ 在图层名上单击鼠标右键，在打开的快捷菜单中选择【插入图层】命令或【插入文件夹】命令。

图1-29　选中图层

图1-30　创建新图层或图层文件夹

提示

图层文件夹用于组织管理图层，如果在一个动画中创建了很多图层，则可以建立不同的图层文件夹，把相同属性的图层放进去。把图层放进文件夹可以选择图 1-27 中的【剪切图层】和在图层文件夹上执行【粘贴图层】的操作，也可以直接将图层拖入，如图 1-31所示，也可以将图层拖出文件夹，还可以根据需要折叠或展开图层文件夹，如图 1-32 所示。

图1-31　将图层拖入文件夹

图1-32　折叠和展开文件夹

（3）隐藏图层或图层文件夹

在图层管理区中隐藏图层或图层文件夹，可以采用以下方法。图层被隐藏后，图层内容不可见也不能再被修改。

◎ 单击图层或文件夹名称右侧的👁图标所对应的列，可以隐藏该图层或文件夹（再次单击可以显示该图层或文件夹）。

◎ 单击该面板顶部的👁图标可以隐藏所有的图层和文件夹（再次单击可以显示所有的图层和文件夹）。

◎ 按下鼠标左键，在 图标对应的列中上下拖动，可以显示（或隐藏）相应的图层或文件夹。

◎ 按住 Alt 键，单击图层或图层文件夹名称右侧的 图标所对应的列，可以隐藏其他所有图层和图层文件夹（再次按住 Alt 键并单击 图标所对应的列，可以恢复其显示状态）。

（4）其他操作

在图层管理区中还可以执行以下图层操作。

◎ 🔒 按钮：用于锁定图层或图层文件夹。图层被锁定后，图层内容不能再被修改。被锁定的图层上有 🔒 标记，如图 1-33 所示。

◎ ▢ 按钮：用于显示图层或图层文件夹轮廓，如图 1-34 所示。显示轮廓可以节约系统资源。

以上两项可以采用与隐藏图层或图层文件夹相同的方法实现类似操作。

图 1-33 锁定图层

图 1-34 显示轮廓

提示

还可以移动图层来调整图层间的顺序。选中要移动的图层，按住鼠标左键拖动，其将以一条粗横线表示，拖动粗横线到需要的位置释放鼠标左键即可。而删除图层只能使用 🗑 按钮，切记不要按 Delete 键，这样不能删除图层，只能删除舞台上的对象。

1.3 综合应用——制作"运动小球"

本例将制作一个带有黑色边框的圆球从左向右运动的简单动画，帮助读者初步了解 Animate CC 2017 的基本操作。

【操作要点】

步骤❶ 选择【文件】/【新建】菜单命令，弹出【新建文档】对话框，在【类型】中选择"ActionScript 3.0"，如图 1-35 所示。单击 确定 按钮，进入文档编辑界面。

步骤❷ 在界面右侧的【属性】面板中可以看到默认的画面大小等，如图 1-36 所示。修改大小的参数，将【宽】修改为 400；将【高】修改为 200，如图 1-37 所示。

步骤❸ 在【属性】面板中单击 高级设置… 按钮，弹出【文档设置】对话框，单击【舞台颜色】选项右侧的白色色块，如图 1-38 所示。在弹出的【颜色样本】面板中选择青色，如图 1-39 所示。

步骤❹ 单击 确定 按钮后，可以看到【属性】面板中的文档属性发生了变化，舞台的颜色也变为青色。

步骤❺ 在【工具】面板中选择【椭圆】工具 ◉，如图 1-40 所示，移动鼠标指针到舞台的左侧，按住 Shift 键并拖动鼠标绘制出一个带有边框和填充色的圆形，如图 1-41 所示。

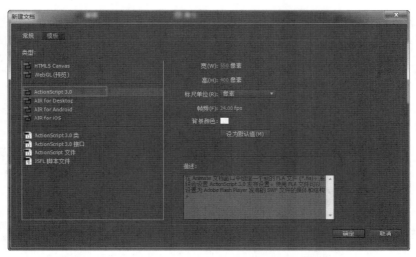

图 1-35　【新建文档】对话框

图 1-36　默认的画面大小

图 1-37　修改后的画面大小

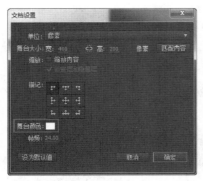

图 1-38　【文档设置】对话框

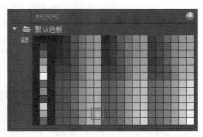

图 1-39　选择青色

图 1-40　选择椭圆工具

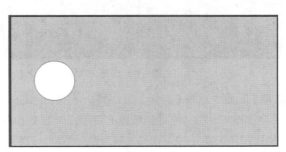

图 1-41　绘制圆形

步骤⑥ 在【工具】面板中选择【颜料桶】工具，在【颜料桶】工具的【属性】面板中单击中的白色色块，如图 1-42 所示。在【颜色样本】面板中选择黑白放射状的渐变色（底部顺数第二个图标），如图 1-43 所示。

 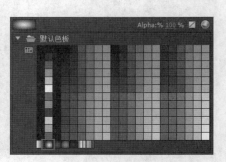

图1-42　单击白色色块　　　　　　　　　　图1-43　选择黑白放射状的渐变色

步骤⑦ 移动鼠标指针到绘制的圆形上，然后单击，即可将选择的颜色填充到圆形上，如图 1-44 所示。这时，圆形已经有了球的模样。

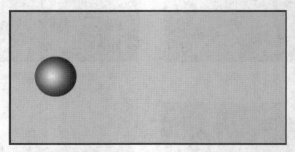

图1-44　用选择的颜色填充圆形

步骤⑧ 在【时间轴】面板上选择"图层 1"的第 20 帧，按 F6 键，在该帧处插入一个关键帧，如图 1-45 所示。

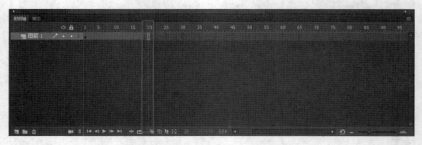

图1-45　在第 20 帧处插入一个关键帧

步骤⑨ 在【工具】面板中选择【选择】工具，在舞台上选择球。然后双击鼠标，选中包括边框和填充图形在内的全部图形，将其拖动到舞台的右侧，如图 1-46 所示。

步骤⑩ 选择"图层 1"的第 1 帧，在其上单击鼠标右键，在弹出的快捷菜单中选择【创建传统补间】命令，如图 1-47 所示。创建传统补间动画，让球动起来。

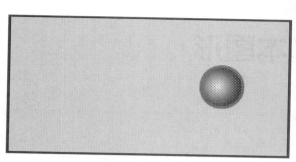

图1-46 拖动对象到舞台的右侧

图1-47 选择【创建传统补间】命令

步骤⑪ 按 Ctrl+Enter 组合键测试动画，可以观看到球不停地从窗口左侧移动到右侧，如图 1-48 所示。

图1-48 测试动画

1.4 习题

1. 简要说明动画的制作原理。
2. 使用 Animate CC 创建的动画有什么优势？
3. 制作 Animate CC 动画的一般流程是什么？
4. 简要说明 Animate CC 2017 的界面构成要素。
5. 练习使用 Animate CC 2017 创建一个简单的小动画。

02

第2章
绘制基本图形

正所谓"工欲善其事，必先利其器"。使用 Animate CC 2017 进行动画制作前需要大量的素材，取得动画素材的途径一般有两种：一种是使用 Animate CC 2017 软件自带的工具绘制动画素材，另一种是导入外部动画素材。

学习目标

- ✓ 进一步熟悉 Animate CC 2017 的设计环境。
- ✓ 掌握 Animate CC 2017 绘图工具的管理方法。
- ✓ 掌握 Animate CC 2017 基本绘图工具的使用方法。
- ✓ 明确在设计时选用设计工具的基本原则。

2.1 绘制二维图形的基础知识

【知识解析】

在利用 Animate CC 2017 绘图工具进行素材绘制之前,应了解 Animate CC 2017 为用户提供的绘图工具。

2.1.1 矢量图形和位图图像

矢量图形和位图图像是两种不同的文件类型,其区别如下。

1. 矢量图形

矢量图形用直线和曲线并通过填充来围成图形,包含颜色和位置等属性。对矢量图形进行移动、调整大小、重定形状以及更改颜色的操作不会更改其外观品质。矢量图形与分辨率无关,可以显示在各种分辨率的输出设备上,并不影响图形质量。

> 矢量图形适用于二维卡通动画等线性图,能够有效地减少文件容量。Animate CC 2017 制作的图形和动画使用的就是这种矢量图形格式。

2. 位图图像

位图图像用一组排列在网格内的彩色像素点来描述。通过修改像素来编辑位图图像,因此位图图像跟分辨率有关,编辑位图图像会影响其外观品质,在比图像本身的分辨率低的输出设备上显示位图图像时也会降低它的外观品质。

> 位图图像适用于表现层次和色彩细腻丰富,包含大量细节的图像。大部分的图像处理软件,如 Photoshop 等,使用的都是位图类型的图像。

矢量图形和位图图像的对比如图 2-1 所示。

将矢量图形放大 10 倍　　　　　将位图图像放大 10 倍

图 2-1　矢量图形和位图图像的对比

> 显示一幅位图图像所需的 CPU 计算量要远小于显示一幅矢量图形所需的 CUP 计算量,这是因为显示位图图像一般只需把图像写入显示缓冲区,而显示一幅矢量图形则需要 CPU 计算组成每个图元(如点、线等)的像素点的位置与颜色,这需要 CPU 有较强的计算能力。

2.1.2 线条和填充图形

使用 Animate CC 2017 绘制图形时必须区分"线条"和"填充图形"这两个概念。可以单独使用线条绘制图形，也可以单独绘制填充图形，还可以绘制同时具有线条和填充的图形。线条和填充图形如图 2-2 所示。

图 2-2 线条和填充图形

1. 线条

线条是指用【线条】工具 ✏、【钢笔】工具 🖊 或【铅笔】工具 ✏ 绘制的图形，以及用【椭圆】工具 ⬭、【矩形】工具 ⬜ 等绘制的图形的外部边框线。

线条的属性通过修改【属性】面板中【笔触】的相关参数来调整。可以使用【墨水瓶】工具 🍶 改变线条的颜色，但不能使用【颜料桶】工具 🪣 改变线条的颜色。

在 Animate CC 2017 中，还有一个概念叫"笔触"，其含义与"线条"相似。

2. 填充图形

填充图形是指用【画笔】工具 🖌 绘制的图形，或者用【椭圆】工具 ⬭、【矩形】工具 ⬜ 等绘制的图形的内部填充部分。

填充图形的属性通过修改【属性】面板中【填充】相关参数来调整。填充图形的颜色不能通过【墨水瓶】工具 🍶 来改变，只能使用【颜料桶】工具 🪣 来调整。

2.1.3 合并绘制模式和对象绘制模式

Animate CC 2017 有以下两种绘制模式，为绘制图形提供了极大的灵活性。

1. 合并绘制模式

在合并绘制模式下，重叠绘制的两个图形会自动合并。当移动其中一个图形时，在另一个图形上将留下缺口。例如，在合并绘制模式下绘制一个正方形并在其上方叠加一个圆形，然后选取此圆形并进行移动，留下的正方形将有一个圆形缺口，如图 2-3 所示。

2. 对象绘制模式

在对象绘制模式下，可将图形绘制成独立的对象，在叠加时不会自动合并。分离或重排、重叠的图形时，也不会改变其外形，可以分别对这些对象进行处理。例如，在对象绘制模式下绘制一个正方形并在其上方叠加一个圆形，移走圆形时，正方形依旧是完整的，如图 2-4 所示。

图 2-3 合并绘制模式　　　图 2-4 对象绘制模式

2.1.4 认识绘图工具

Animate CC 2017 提供了强大的绘图工具，给用户制作动画素材带来了极大的便利。Animate CC 2017 的主要设计工具集中在图 2-5 所示的【工具】面板上。

1. 工具的快捷键

当用鼠标指针指向【工具】面板上的工具时，将显示该工具的名称，名称后面括号中的字母或组合键就是该工具的快捷键。

> 【矩形】工具的快捷键是 R 键，表示按 R 键即可启动【矩形】工具。【铅笔】工具的快捷键是 Shift+Y 组合键，表示同时按 Shift 键和 Y 键即可启动【铅笔】工具。读者在设计时应该养成使用快捷键的习惯，这样可以大大提高设计效率。

2.【属性】面板和扩展面板

启动一个设计工具后，在【工具】面板左侧会打开该工具的【属性】面板，用于详细设置工具参数，图 2-6 所示是【椭圆】工具的【属性】面板。

同时在【工具】面板底部将打开该工具的扩展面板。该面板包括【颜色参数】区和【选项参数】区两个部分，如图 2-5 所示。大多数工具有【颜色参数】区；只有部分工具有【选项参数】区，用于设置该工具的一些特殊参数。

3. 工具的分类

根据用途的不同，工具可分为以下 6 类。

① 规则形状绘制工具：主要包括【矩形】工具、【基本矩形】工具、【椭圆】工具、【基本椭圆】工具、【多角星形】工具和【线条】工具。

图 2-5 【工具】面板　图 2-6 【椭圆】工具【属性】面板

② 不规则形状绘制工具：主要包括【钢笔】工具、【铅笔】工具、【画笔】工具和【文本】工具。

③ 形状修改工具：主要包括【选择】工具、【部分选取】工具、【任意变形】工具和【套索】工具。

④ 颜色修改工具：主要包括【墨水瓶】工具、【颜料桶】工具、【滴管】工具、【橡皮擦】工具和【渐变变形】工具。

⑤ 视图修改工具：主要包括【手形】工具、【旋转】工具、【摄像头】工具和【缩放】工具。

⑥ 动画辅助工具：主要包括【骨骼】工具和【绑定】工具。

2.2　绘制线条

【知识解析】

线条作为创建画面对象的组成元素，从简笔画到复杂的装饰纹理图案，都发挥着十分重要的作用。线条既构成图形的边界，也为填充区域的划分提供了依据。

2.2.1 【铅笔】工具

【铅笔】工具 的使用方法与使用真实铅笔进行绘画的方法大致相同，【铅笔】工具用于绘制各种线条。

1.【属性】面板

【铅笔】工具的【属性】面板如图 2-7 所示。

其中主要参数如下。

◎ 色块 ：单击右侧色块，打开图 2-8 所示的【颜色样本】面板设置笔触颜色。

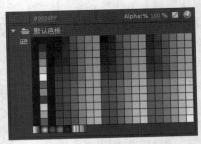

图 2-7 【铅笔】工具的【属性】面板　　　　图 2-8 【颜色样本】面板

◎ 对象绘制模式关闭 ：默认情况下对象绘制模式关闭，为合并绘制模式。单击 按钮可以打开对象绘制模式。

◎ 笔触：拖动右侧滑块设置笔触高度，也可以在右侧文本框中输入准确数值，笔触高度示例如图 2-9 所示。

◎ 样式：从右侧下拉列表中设置线条样式，可用样式如图 2-10 所示。单击右侧 按钮，打开【笔触样式】对话框详细编辑笔触样式，如图 2-11 所示。

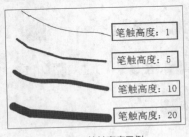

图 2-9 笔触高度示例　　　　　图 2-10 可用样式　　　　　图 2-11 【笔触样式】对话框

◎ 宽度：从右侧下拉列表中设置线宽的变化形式，如图 2-12 所示，不同线宽样式的应用效果如图 2-13 所示。

图 2-12 线宽的变化形式　　图 2-13 不同线宽样式的应用效果

勾选在图 2-11 中的【4 倍缩放】复选框可将预览效果放大 4 倍，方便用户预览。勾选【锐化转角】复选框后可以使线条的转折效果更加明显。如果选中【虚线】类型，还可以在图 2-14 所示的对话框中设置虚线线段长度和间隔长度。

◎ 缩放：当【宽度】为【均匀】时，可设置笔触按照指定方向缩放，可选择【一般】【水平】【垂直】3 个选项。

◎ 端点：从右侧下拉列表中设置笔触端点类型，主要有【无】【圆角】【方形】3 个选项，端点选项示例如图 2-15 所示。

◎ 接合：设置线条在转折处的连接方式，主要有【尖角】【圆角】【斜角】3 个选项，接合选项示例如图 2-16 所示。选择【尖角】时，可以在右侧【尖角】文本框中设置尖角大小。

在使用【铅笔】工具 时，如果按住 Shift 键，可以绘制出水平线或竖直线，如图 2-17 所示。

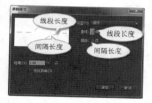

图 2-14　设置虚线属性

图 2-15　端点选项示例

图 2-16　接合选项示例

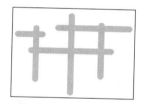

图 2-17　绘制水平线或竖直线

2. 铅笔模式

选中【铅笔】工具 后，【工具】面板底部的扩展参数面板如图 2-18 所示。

单击图 2-18 中底部的铅笔模式按钮，可以使用 3 种铅笔模式。

◎【伸直】模式：绘制的线条规整，如直线、方形、圆形和三角形等，【伸直】模式示例如图 2-19 所示。

◎【平滑】模式：绘制的线条更加流畅、平滑，常用于绘制卡通图形等，【平滑】模式示例如图 2-20 所示。

图 2-18　扩展参数面板

◎【墨水】模式：能绘制接近手写体效果的线条。图 2-21 所示的【墨水】模式示例就是利用这一属性创建的钢笔书写效果。

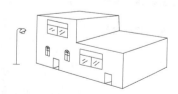

图 2-19　【伸直】模式示例

图 2-20　【平滑】模式示例

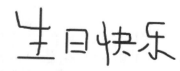

图 2-21　【墨水】模式示例

2.2.2　【线条】工具

【线条】工具 ✏ 的属性参数与【铅笔】工具 ✏ 的属性参数一致，在绘制直线方面更为直接和方便。

1. 使用方法

在【属性】面板中设置好笔触样式后即可在舞台中绘制线条，绘制的线条效果如图 2-22 所示。绘图时，移动鼠标指针至工作区，当鼠标指针变为十字形表明【线条】工具 ✏ 被激活，可以方便地绘制平滑的直线。

2. 基础应用——绘制线条

下面结合操作介绍【线条】工具 ✏ 的用法。

【操作要点】

（1）绘制线条

步骤① 选择【线条】工具 ✏，设置【笔触高度】为"20"。

步骤② 按住 Shift 键在舞台中绘制 3 条水平线，如图 2-23 所示。

图 2-22　绘制的线条效果　　　　图 2-23　绘制 3 条水平线

（2）设置线条属性

步骤① 使用【选择】工具 ▸ 选择第 1 条直线，在【属性】面板中设置【端点】选项为"无"，直线两端变平直。

步骤② 保留第 2 条直线的【端点】选项的默认设置"圆角"。

步骤③ 选择第 3 条直线，设置【端点】选项为"方形"，直线两端变平直，且比第 1 条直线长。3 种设置的对比效果如图 2-24 所示。

（3）对比属性

步骤① 按住 Shift 键使用【部分选取】工具 ▸ 选择 3 条直线。

步骤② 对比第 1 条直线与第 3 条直线内部端点的位置，如图 2-25 所示。

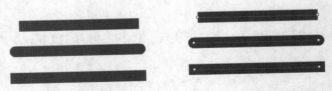

图 2-24　3 种设置的对比效果　　　　图 2-25　对比内部端点的位置差异

（4）绘制折线

步骤① 双击【橡皮擦】工具 ✏ 可擦除全部线条。

步骤② 选择【线条】工具 ✏，在【工具】面板底部的扩展面板【选项参数】中单击【紧贴至对象】

按钮 。

> **提示**
>
> 　　　单击【紧贴至对象】按钮 🧲 ，可以使绘制的线条首尾相连，形成一个连续的线段，如图 2-26 所示。

步骤❸ 设置【线条】工具的【笔触高度】为"30"，设置【端点】参数为"无"，设置【接合】参数为"尖角"。

步骤❹ 在舞台中绘制折线，如图 2-27 所示。

> **提示**
>
> 　　　注意对比使用【铅笔】工具绘制折线和使用【线条】工具绘制折线的区别。使用前者可以拖动数值直接绘制带转折的线段，使用后者在绘制线段的转折处时要先释放鼠标。

步骤❺ 使用【选择】工具 ⬚ 框选整个折线，然后按住 Alt+Shift 组合键拖动对象可在水平方向上复制出两组新折线。

（5）设置线条属性

步骤❶ 选择第 2 组折线，在【属性】面板中设置【接合】选项为"圆角"，此时折线接合点变为圆角。

步骤❷ 选择第3组折线，在【属性】面板中设置【接合】选项为"斜角"，此时折线接合点变为平直形态，如图 2-28 所示。

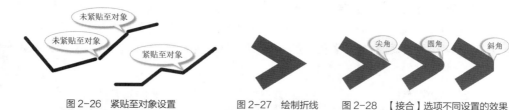

图 2-26　紧贴至对象设置　　　图 2-27　绘制折线　　　图 2-28　【接合】选项不同设置的效果

2.3　选择对象

【知识解析】

在对图形进行编辑之前需要选择对象。

2.3.1　【选择】工具

【选择】工具 ⬚ 可以进行选择、移动、复制、调整矢量线或矢量色块形状等操作。

1. 属性设置

单击【选择】工具 ⬚ ，在【工具】面板【选项参数】区有【紧贴至对象】【平滑】【伸直】3 个按钮，如图 2-29 所示。

【选项参数】区中 3 个按钮的作用如下。

◎【紧贴至对象】按钮 🧲 ：用于实现吸附功能。在利用链接引

图 2-29　【选项参数】区

导层制作动画时，必须使其处于激活状态，拖动运动物体到运动路径的起始点和终结点，才能使运动物体主动吸附到路径上，从而使物体顺利完成沿路径的运动。

◎【平滑】按钮：使线条或填充图形的边缘更加平滑。

◎【伸直】按钮：使线条或填充图形的边缘趋向于直线或折线效果。

2. **基础应用——使用【选择】工具**

下面结合操作介绍【选择】工具的用法。

【操作要点】

（1）选择图形

步骤❶ 创建一个矩形和椭圆叠加的图形。

步骤❷ 使用【选择】工具单击选中矩形的一条边线，如图 2-30 所示。

步骤❸ 在矩形边线上双击，就可以选中两个图形的所有边线，如图 2-31 所示。

步骤❹ 在空白处单击，取消图形的选中状态。

步骤❺ 单击矩形的填充色，可以将其选中，如图 2-32 所示。

图 2-30 选中一条边线

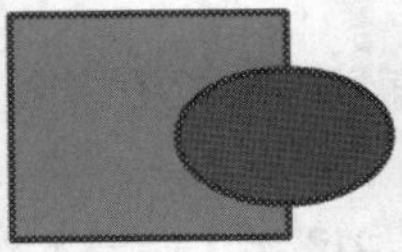
图 2-31 选中所有边线

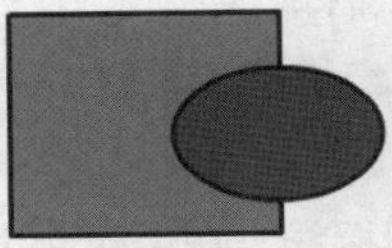
图 2-32 选中填充色

步骤❻ 双击矩形的填充色，可将该封闭填充区域及其边线一起选中，如图 2-33 所示。

步骤❼ 按住 Shift 键再次单击填充色，可以只选中封闭填充区域边线，如图 2-34 所示。

步骤❽ 在图形周围按住鼠标左键并拖动，绘制一个矩形框覆盖图形，可以选中全部对象，如图 2-35 所示。

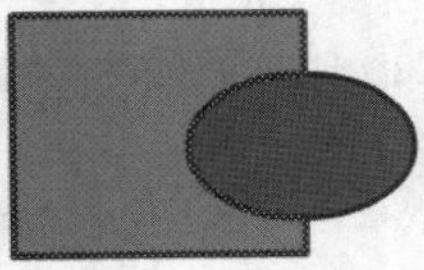
图 2-33 选中封闭填充区域及其边线

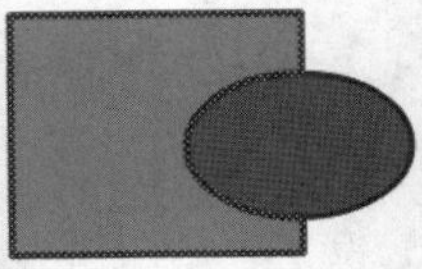
图 2-34 只选中封闭填充区域边线

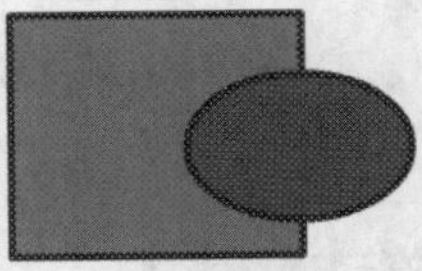
图 2-35 选中全部对象

（2）移动图形

步骤❶ 绘制一个带边线和填充色的矩形，如图 2-36 所示。

步骤❷ 选中【选择】工具，双击任意一条边线选中整个边界，将鼠标指针置于边界上按住鼠标左键并拖动移动边界，如图 2-37 所示。

步骤❸ 将鼠标指针置于填充色块上，按住鼠标左键并拖动，移动填充色块，如图 2-38 所示。

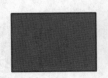

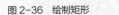

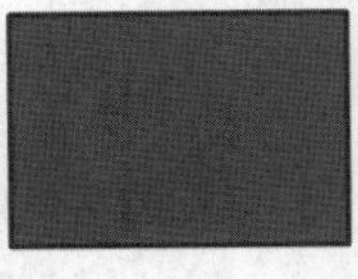
图 2-36 绘制矩形

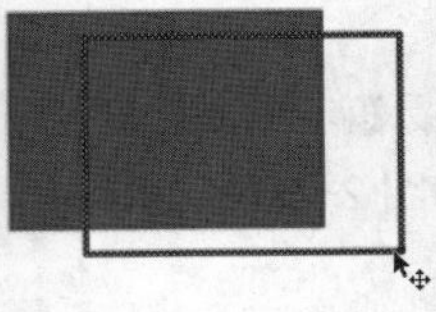
图 2-37 移动边界

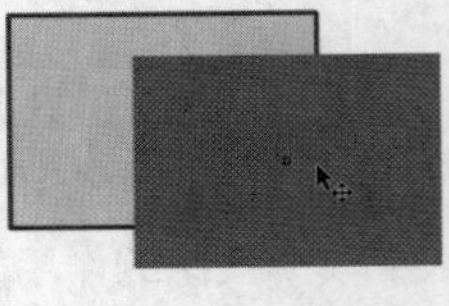
图 2-38 移动填充色块

（3）复制图形

步骤❶ 框选整个矩形，选中【选择】工具 ，同时按住鼠标左键和 Alt 键拖动图形，可以复制图形，如图 2-39 所示。

> **提示**
>
> 复制时会显示对齐参考线，以便将移动的对象与已有目标对象对齐。

步骤❷ 同时选中两个图形，在竖直方向上再次复制图形，如图 2-40 所示。

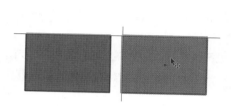

图 2-39 复制图形 1

图 2-40 复制图形 2

步骤❸ 双击【橡皮擦】工具 清除舞台中的所有图形。

步骤❹ 选择菜单命令【文件】/【导入】/【导入到舞台】，导入素材文件"素材\第 2 章\蛙.jpg"，如图 2-41 所示。

步骤❺ 配合 Alt 键拖动对象进行复制操作，重复复制操作复制出多个对象，如图 2-42 所示。

图 2-41 导入素材文件

图 2-42 复制对象

（4）编辑修改图形

步骤❶ 选择【直线】工具 ，在【工具】面板底部的【选项参数】中单击【紧贴至对象】按钮 ，然后绘制一个"梨"的大致轮廓，如图 2-43 所示。

步骤❷ 选择【选择】工具 ，将鼠标指针移动到要调整的线条上，当鼠标指针上带有弧形标识时，拖动图形边线直至得到合适的弧度，如图 2-44 所示。此时的图形效果会比之前更理想。

步骤❸ 将鼠标指针移动到图形的节点位置，当出现方形标识时，就可以对图形的节点位置进行调整，如图 2-45 所示。

步骤❹ 选择【颜料桶】工具 为图形填充颜色，如图 2-46 所示。

> **提示**
>
> 【选择】工具 的编辑修改功能主要体现在对矢量线和矢量色块的调整上。一般是将原始的线条和色块变得更加平滑，使图形外形线更加饱满、流畅。

图 2-43　绘制图形　　　图 2-44　调整图形边线　　　图 2-45　调整节点位置　　　图 2-46　填充颜色

2.3.2　【部分选取】工具

【部分选取】工具 可以深入图形的下一层级，对矢量线或矢量图形进行编辑。

1. 鼠标指针形状

在使用【部分选取】工具 对不同的部分进行调整时，鼠标指针会发生相应的变化，其作用如下。

① 当鼠标指针移动到没有节点的线段处时，鼠标指针将变为带有黑色方块的箭头 ，这时可以按住鼠标左键移动图形的位置。

② 当鼠标指针移动到某一个节点上时，鼠标指针将变为带有白色方块的箭头 ，这时按住鼠标左键可以移动单个节点的位置。

③ 当鼠标指针移动到某一个曲线节点的手柄头部时，鼠标指针将变为一个缩略的小箭头 ，这时按住鼠标左键，可以调整该节点牵连的线段的弯曲度。

 　　　在调整一个手柄时，其所对应的另一个手柄也随之变化。要想只编辑该手柄对应的弧线段，只要按住 Alt 键进行操作即可。

2. 基础应用——使用【部分选取】工具

下面结合操作介绍【部分选取】工具的用法。

【操作要点】

步骤① 选择【椭圆】工具 在舞台中绘制一个椭圆。

步骤② 选择【部分选取】工具 ，在图形的边线处单击，此时边线上将显示节点，如图 2-47 所示。

步骤③ 拖动节点可以调整其位置，如图 2-48 所示。拖动节点的手柄头部，可以改变节点附近曲线的形状，最终将椭圆调整为图 2-49 所示的形状。

图 2-47　显示节点　　　　图 2-48　调节节点位置　　　　图 2-49　调节形状

步骤④ 选择【矩形】工具 在舞台中绘制一个矩形。选择【部分选取】工具 ，在矩形边线处单击显示节点，拖动节点调节图形时不会出现手柄，如图 2-50 所示。

步骤⑤ 要想使直线节点变为曲线节点，选中节点后，按住 Alt 键并按住鼠标左键向外拖动节点，节点上增加两个手柄，如图 2-51 所示。

步骤⑥ 适当旋转调整手柄的转向，使节点两侧曲线过渡平滑、自然，调节效果如图 2-52 所示。

图 2-50　调节矩形　　　　图 2-51　增加手柄　　　　图 2-52　调节结果

2.4　创建规则图形

【知识解析】

使用【椭圆】工具 ⬤ 可以绘制圆形和椭圆；使用【矩形】工具 ▢ 可以绘制正方形和矩形；使用【多角星形】工具 ⬤ 可以绘制多边形和星形，并可以设置多边形的边数或星形的顶点数。

2.4.1　使用【椭圆】工具

使用【椭圆】工具 ⬤ 可以绘制出光滑且精确的椭圆，其【属性】面板如图 2-53 所示。

1. 属性参数

与【铅笔】工具 ✏ 的属性参数相比，【椭圆】工具【属性】面板增加了【椭圆选项】参数组。

◎ ✏▬：单击右侧色块打开【颜色样本】面板设置笔触（边线）颜色。

◎ 🖌▭：单击右侧色块打开【颜色样本】面板设置填充颜色。

◎ 开始角度：绘制不完整椭圆时，设置椭圆的开始角度。

◎ 结束角度：绘制不完整椭圆时，设置椭圆的结束角度。

◎ 内径：设置椭圆内径，用于创建空心椭圆。

◎ 闭合路径：将内径外圆封闭起来，形成连通面域。

◎ 　重置　：将所有参数恢复为 0。

2. 基础应用——使用【椭圆】工具

下面结合操作介绍【椭圆】工具的用法。

【操作要点】

（1）绘制椭圆

步骤① 新建一个 ActionScript 3.0 文档，选择【椭圆】工具 ⬤，在【属性】面板上单击 ✏▬ 右侧色块打开【颜色样本】面板，单击 ⬜ 按钮取消显示外部矢量线条的颜色，如图 2-54 所示。

步骤② 单击 🖌▭ 右侧色块打开【颜色样本】面板，选取一种填充颜色。当鼠标指针变为"+"形状时按住鼠标左键并拖动鼠标，在舞台中拖出无外框线的椭圆。

步骤③ 单击 ✏▬ 右侧色块打开【颜色样本】面板设置一种笔触颜色，设置【笔触高度】为"10"；单击 🖌▭ 右侧色块打开【颜色样本】面板，单击 ⬜ 按钮取消显示填充颜色。

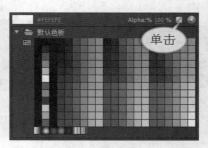

图2-53　【椭圆】工具【属性】面板　　　　图2-54　【颜色样本】面板

步骤④ 按住 Shift 键绘制一个没有填充颜色的圆，如图 2-55 所示。

步骤⑤ 利用【属性】面板中【椭圆选项】中的参数绘制图形，如图 2-56 所示。

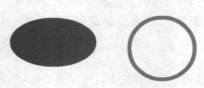

图2-55　绘制椭圆　　　　　　　图2-56　利用【椭圆选项】中的参数绘制图形

 提示

　　　如果设置了开始角度和结束角度，但是未勾选【闭合路径】复选框，则绘制的椭圆是开放的，填充颜色无效。

（2）使用对象绘制模式绘图

步骤① 选择【椭圆】工具 ，在【属性】参数面板中单击按钮 开启对象绘制模式，设置笔触高度、笔触颜色、填充颜色并绘制一个红色椭圆。

步骤② 修改填充颜色为蓝色，再绘制一个椭圆，确保两个椭圆有重叠区域，如图 2-57 所示。

（3）联合对象

步骤① 使用【选择】工具 框选两个椭圆，然后选择菜单命令【修改】/【合并对象】/【联合】，再次移动对象时会发现两个椭圆已经结合在一起了，如图 2-58 所示。

图2-57　绘制两个椭圆　　　　图2-58　联合椭圆

步骤② 按 Ctrl+Z 组合键将两个椭圆恢复到独立的状态。

（4）创建交集

步骤① 选择两个椭圆，选择菜单命令【修改】/【合并对象】/【交集】，两个椭圆的重叠部分将保留下来（保留的是上层图形的部分），而其余部分将被裁剪掉，相交图形如图 2-59 所示。

步骤② 按 Ctrl+Z 组合键将两个椭圆恢复到独立的状态。

（5）打孔操作

步骤① 选择两个椭圆，然后选择菜单命令【修改】/【合并对象】/【打孔】，此时下图形与上层图形重合的区域将被裁剪掉，打孔图形如图 2-60 所示。

步骤② 按 Ctrl+Z 组合键将两个椭圆恢复到独立的状态。

（6）裁切操作

步骤① 选择两个椭圆，选择菜单命令【修改】/【合并对象】/【裁切】，两个图形的重叠部分将保留下来（保留的是下层图形的部分），而其余部分将被裁剪掉，裁切图形如图 2-61 所示。

步骤② 选择裁切后的图形，设置填充色为"绿色"，【笔触高度】为"10"，修改图形属性效果如图 2-62 所示。

图 2-59　相交图形　　图 2-60　打孔图形　　图 2-61　裁切图形　　图 2-62　修改图形属性效果

提示

　　单击【椭圆】工具 右下角的下拉按钮，从弹出的工具组中选择【基本椭圆】工具 ，其基本参数与【椭圆】工具 类似，但是绘制的椭圆上多一个形状控制点，如图 2-63 所示。使用【选择】工具 选中该椭圆后，拖动形状控制点可以得到椭圆形的扇形，如图 2-64 所示。

图 2-63　基本椭圆　　　图 2-64　椭圆形的扇形

2.4.2　使用【矩形】工具

　　使用【矩形】工具 可以创建出精确的矩形，其【属性】面板如图 2-65 所示。

1. 参数设置

可以通过设置【矩形选项】中的参数，绘制有圆角的矩形。

◎ 数值文本框：依次输入 4 个顶角处的圆角半径。

◎ ：锁定圆角半径，使 4 个顶角处的圆角半径相等，再次单击取消锁定。

2. 基础应用——使用【矩形】工具

下面结合操作介绍【矩形】工具的用法。

图 2-65　【矩形】工具【属性】面板

【操作要点】

（1）绘制矩形

步骤❶ 选择【矩形】工具 ▣。

步骤❷ 在【属性】面板中分别选择不同类型的笔触（实线、虚线及点画线等）和填充颜色（单色、渐变色及半透明色等）。

步骤❸ 绘制不同类型的矩形，如图 2-66 所示。

（2）设置属性

步骤❶ 在【矩形选项】中设置圆角不同半径绘制矩形，圆角半径取

图 2-66　绘制不同类型的矩形

值范围为"0～9 999"，其值越大，圆角效果越明显。

步骤❷ 圆角半径比较大的矩形的形状与圆形基本一致，圆角半径不同的矩形如图 2-67 所示。

单击【矩形】工具 ▣ 右下角的下拉按钮，从弹出的工具组中选择【基本矩形】工具 ▣，其基本参数与【矩形】工具 ▣ 类似，但是绘制的矩形的 4 个角均有形状控制点，如图 2-68 所示。使用【选择】工具 ▸ 选中矩形后，拖动形状控制点可以得到圆角矩形，如图 2-69 所示。

图 2-67　圆角半径不同的矩形

图 2-68　基本矩形

图 2-69　创建圆角矩形

2.4.3　使用【多角星形】工具

利用【多角星形】工具 ⬡ 可以绘制出任意多边形和星形图形，方便用户创建较为复杂的图形。

1. 参数设置

其【属性】面板如图 2-70 所示。单击底部的 ▭ 选项… 按钮，可以弹出图 2-71 所示的【工具设置】对话框。各选项参数的作用如下。

◎【样式】：在该下拉列表中可以选择"多边形"或"星形"选项，确定将要创建的图形形状。

◎【边数】：在其右侧的文本框中可以输入"3～32"的数值，确定将要绘制的图形的边数。

◎【星形顶点大小】：在其右侧的文本框中可以输入"0～1"的数值，以指定星形顶点离图形中心

图 2-70　【多角星形】工具【属性】面板　　图 2-71　【工具设置】对话框

的深度。此数字越接近 0，创建的顶点就越深。

    2. 基础应用——使用多角星形工具

下面结合操作介绍【多角星形】工具的用法。

【操作要点】

（1）绘制多边形

步骤① 单击【多角星形】工具 ⬡ ，在舞台中绘制五边形，如图 2-72 所示。

步骤② 在【属性】面板中单击 ▊选项… 按钮，打开【工具设置】对话框，设置【边数】选项为 "10"，单击 ▊确定 按钮后在舞台中绘制十边形，如图 2-73 所示。

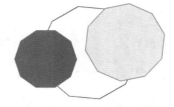

图 2-72　绘制五边形　　　　图 2-73　绘制十边形

（2）绘制星形

步骤① 在【属性】面板中单击 ▊选项… 按钮打开【工具设置】对话框，在【样式】选项下拉列表中选择 "星形"，单击 ▊确定 按钮后绘制图 2-74 所示的星形。

步骤② 使用上述方法在【工具设置】对话框中分别设置不同的【边数】值，在舞台中绘制各种类型的星形，如图 2-75 所示。

图 2-74　绘制十角星形　　　　图 2-75　绘制各种类型的星形

2.5 【画笔】工具和【钢笔】工具

【知识解析】

    【画笔】工具的用法和现实生活中的画笔的用法相似，可以创建多种特殊的填充图形。使用【铅笔】工具无论绘制何种图形都是线条；使用【画笔】工具无论绘制何种图形都是填充图形。

在 Animate CC 2017 中有两种画笔工具：【画笔】工具（Y）和【画笔】工具（B）。前者只能设置笔触，通过笔触包络线来绘制图形，如图 2-76 所示；如果在画笔库中选取不同风格的画笔，更能增强表现力。后者则只能设置填充，可以自由绘制各种图形。

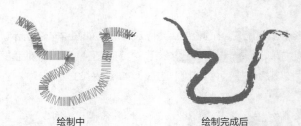

绘制中　　　　　　　　　绘制完成后

图 2-76　使用【画笔】工具（Y）绘图

2.5.1　【画笔】工具（Y）

【画笔】工具（Y）的基本参数与【铅笔】工具的基本参数一致，如图 2-77 所示。但是【画笔】工具（Y）比【铅笔】工具更富有表现力，可以创建更加生动的图形。

下面结合操作介绍【画笔】工具（Y）的用法。

【操作要点】

1．设置属性

步骤❶　单击【画笔】工具（Y）。

步骤❷　在【属性】面板中将【笔触颜色】设置为橙色。

步骤❸　设置【笔触大小】为"15"。

2．设置样式

步骤❶　单击【画笔库】按钮，打开【画笔库】面板，选择一种画笔样式，这里选择【Artistic】/【Chalk Charcoal Pencil】。

步骤❷　双击【Charcoal-Thick】，如图 2-78 所示。【Charcoal-Thick】样式被添加到【样式】中，并成为当前的活动画笔，如图 2-79 所示。

图 2-77　【画笔】工具（Y）的基本参数

步骤❸　使用该画笔书写英文单词，如图 2-80 所示。

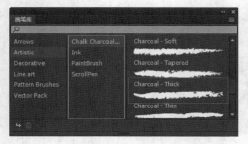

图 2-78　双击【Charcoal-Thick】

图 2-79　添加样式

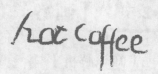

图 2-80　书写英文单词

2.5.2 【画笔】工具（B）

【画笔】工具（B）![画笔图标]【属性】面板如图 2-81 所示。

1. 【画笔形状】参数组

◎ ⬤：从下拉列表中选取画笔的形状，如果新建了画笔，它也将被添加到该列表中。

◎ ➕：单击该按钮打开图 2-82 所示的【笔尖选项】对话框自定义创建画笔，新建的画笔将添加到画笔列表中。

◎ ➖：从画笔列表中删除选定的自定义画笔。

◎ ✐：打开【笔尖选项】对话框重新定义选定画笔的形状。

◎ 大小：拖到滑块设置画笔大小，也可以在其后的文本框中输入数值进行设置。

◎ 📌：将当前画笔大小值固定为预设值。

◎ 随舞台缩放大小：勾选该复选框后，当缩放舞台时，画笔大小随之调整。

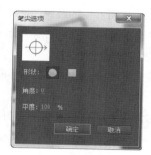

图 2-81 【画笔】工具（B）【属性】面板　　　图 2-82 【笔尖选项】对话框

2. 【笔尖选项】对话框

◎ 形状：可选取【圆形】和【方形】两种画笔形状。

◎ 角度：设置图形的旋转角度。

◎ 平度：设置画笔的扁平程度。画笔设置效果如图 2-83 所示。

3. 【平滑】参数组

在【平滑】参数组中可以设置绘制图形的平滑值，其取值范围为 0~100。其值越大，创建的图形越平滑，如图 2-84 所示。

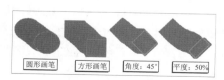

圆形画笔　方形画笔　角度：45°　平度：50%

图 2-83 画笔设置效果

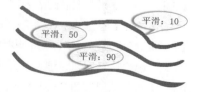

平滑：10
平滑：50
平滑：90

图 2-84 设置图形的平滑值

4. 基础应用——使用【画笔】工具（B）

下面结合操作介绍【画笔】工具（B）的用法。

【操作要点】

步骤① 选择【画笔】工具（B），在【工具】面板下方的【选项参数】区将会出现【对象绘制】【锁定填充】【画笔模式】【画笔大小】【画笔形状】5 个按钮，如图 2-85 所示。

> **提示** 单击【画笔模式】按钮，在弹出的工具组中将显示出 5 种画笔模式。用户可以根据创作需要选取不同模式的画笔，以创建出多样的图形变化效果。

步骤② 使用【椭圆】工具 在舞台中绘制一个包含线条和填充色的椭圆，如图 2-86 所示。

图 2-85　【画笔】工具功能按钮　　　　图 2-86　绘制椭圆

步骤③ 比较不同画笔模式所产生的效果。

① 选择【标准绘画】选项，绘制的图形会同时遮挡椭圆的边线和填充色，如图 2-87 所示。按 Ctrl+Z 组合键恢复到最初的椭圆状态。

② 选择【颜料填充】选项，绘制的图形将不会覆盖椭圆的边线，如图 2-88 所示。按 Ctrl+Z 组合键恢复到最初的椭圆状态。

③ 选择【后面绘画】选项，此时绘制的图形只能从椭圆后面穿过，起到反衬作用，如图 2-89 所示。按 Ctrl+Z 组合键恢复到最初的椭圆状态。

图 2-87　【标准绘画】模式　　　图 2-88　【颜料填充】模式　　　图 2-89　【后面绘画】模式

④ 选择【颜料选择】选项，当直接使用【画笔】工具（B）在舞台中绘图时，无法画出任何效果。因为选择此选项后，只有在被选取的矢量色块上绘图才能产生效果。

⑤ 单击【选择】工具 选取椭圆的内部矢量色块，然后在其上绘图，此时绘制的图形对矢量线不产生影响，【颜料选择】着色效果如图 2-90 所示。按两次 Ctrl+Z 组合键恢复到最初的椭圆状态。

⑥ 选择【内部绘画】选项，当画笔的起始位置处于未填充区域时，就只能在这个区域内绘图，即使画笔经过椭圆，也会从其后面穿过。当画笔的起始位置位于矢量色块内部时，只能在矢量色块上着色，【内部绘画】着色效果如图 2-91 所示。

步骤④ 其他设置。

① 单击【画笔大小】 ●，在弹出的工具组中将显示出 9 种大小不同的画笔，用户可以根据绘图需要选择不同大小的画笔。

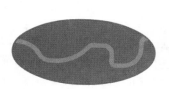 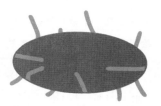

图 2-90 【颜料选择】着色效果　　　　图 2-91 【内部绘画】着色效果

② 单击【画笔形状】 ●，在弹出的工具组中将显示出 9 种形状各异的画笔形状，用户可以根据绘图需要选择不同的画笔形状。

③ 单击【锁定填充】 ，开启锁定状态，然后为画笔选取一种线性渐变色，在舞台中绘制出图 2-92 所示的效果。

此种模式下的渐变色以整个舞台为参考，以完整的渐变过程进行填充，画笔涂抹到什么区域，就对应出现相应的渐变色。

④ 再次单击【锁定填充】 ，解除锁定状态，使用画笔进行绘画，此时渐变色将在单个线条内完成色彩渐变的过程，而不会互相影响，如图 2-93 所示。

图 2-92 锁定状态下的渐变效果　　　　图 2-93 解锁状态下的渐变效果

2.5.3　使用【钢笔】工具

【钢笔】工具 用于创建线条，可绘制精确的路径和平滑、流畅的曲线。

1. 钢笔工具组

单击【钢笔】工具 ，在弹出的工具组中包含 4 个用于添加点、删除点、调整曲线的工具：【钢笔】工具 、【添加锚点】工具 、【删除锚点】工具 和【转换锚点】工具 。

2. 鼠标指针

选择【钢笔】工具 后，鼠标指针显示的不同状态反映其当前的绘制状态，以下为鼠标指针指示的各种绘制状态。

◎ 初始锚点指针 ：选中【钢笔】工具 后看到的第一种鼠标指针。指示下一次在舞台上单击鼠标左键时将创建初始锚点，是新路径的开始。

◎ 连续锚点指针 ：指示下一次单击鼠标左键时将创建一个锚点，并用一条直线与前一个锚点相连接。

　　◎ 添加锚点指针 ：指示下一次单击鼠标左键时将向现有路径添加一个锚点。

> 若要添加锚点，必须选择路径，并且鼠标指针不能位于现有锚点的上方。可根据其他锚点重绘现有路径，一次只能添加一个锚点。

　　◎ 删除锚点指针 ：指示下一次在现有路径上单击鼠标左键时将删除一个锚点。若要删除锚点，必须用【选择】工具选择路径，并且鼠标指针必须位于现有锚点的上方。根据删除的锚点，重绘现有路径。一次只能删除一个锚点。

　　◎ 连续路径指针 ：将鼠标指针指向现有锚点，从现有锚点扩展新路径。只有当前未绘制路径时，此鼠标指针才可用。任何锚点都可以是连续路径的起始位置。

　　◎ 闭合路径指针 ：在正在绘制的路径的起始点闭合路径。用户只能闭合当前正在绘制的路径，并且现有锚点必须是同一个路径的起始锚点。

　　◎ 转换锚点指针 ：将不带方向线的转角点转换为带有独立方向线的转角点。

3. **基础应用——使用【钢笔】工具**

下面结合操作介绍【钢笔】工具的用法。

【操作要点】

1. 绘制曲线

步骤① 选中【钢笔】工具 。

步骤② 依次单击并拖动鼠标绘制曲线，曲线上的锚点是线条的转折点，还可以使用【部分选取】工具 调节曲线形状，如图 2-94 所示。

步骤③ 双击完成曲线绘制。

步骤④ 按住鼠标左键依次拖动并单击绘制平滑的曲线，此时每个锚点上有两个调节杆，如图 2-95 所示。

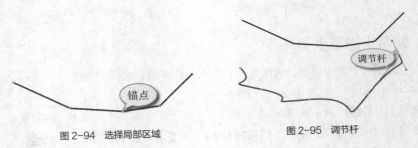

图 2-94　选择局部区域　　　　　图 2-95　调节杆

2. 调整第一条曲线

步骤① 选中【部分选取】工具 ，单击绘制的第一条曲线，在曲线上显示锚点。

步骤② 用鼠标指针指向锚点，当鼠标指针变为 按住鼠标左键并拖动即可移动锚点，如图 2-96 所示。

步骤③ 用鼠标指针指向线段，当鼠标指针变为 按住鼠标左键并拖动即可移动整条曲线，如图 2-97 所示。

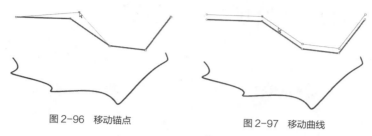

图2-96　移动锚点　　　　　　　　图2-97　移动曲线

3. 调整第二条曲线

步骤① 单击绘制的第二条曲线，在曲线上显示锚点。

步骤② 选中一个锚点，将显示该点的调节杆和相邻两锚点靠近选定锚点一侧的调节杆。

步骤③ 当鼠标指针变为 ▶ 时，按住鼠标左键并拖动即可移动锚点，还可以拖动调节杆端点调整锚点附近曲线形状，如图 2-98 所示。

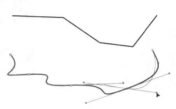

4. 添加和删除锚点

步骤① 单击【钢笔】工具 ✐ 右下角的下拉按钮，从弹出的工具组中选取【添加锚点】工具 ✐⁺，分别在两条曲线上添加锚点，如图 2-99 所示。

图2-98　调整曲线形状

步骤② 单击【钢笔】工具 ✐ 右下角的下拉按钮，从弹出的工具组中选择【删除锚点】工具 ✐⁻，可以在两条曲线上删除锚点。删除锚点后该点处的曲线形状将发生变化，如图 2-100 所示。

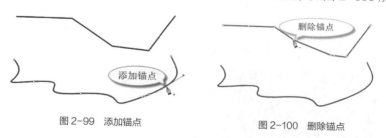

图2-99　添加锚点　　　　　　　　图2-100　删除锚点

5. 转换锚点和扩展曲线

步骤① 单击【钢笔】工具 ✐ 右下角的下拉按钮，从弹出的工具组中选取【转换锚点】工具 ▷，单击第二条曲线上的锚点，将其转换成与第一条曲线相同的普通锚点，如图 2-101 所示。

步骤② 单击【钢笔】工具 ✐，将鼠标指针移动到曲线端点处，当其形状变为 ▶ 时，单击该端点扩展新曲线，从该点继续绘制曲线，如图 2-102 所示。

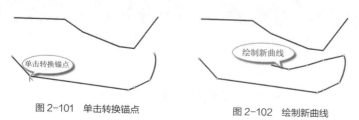

图2-101　单击转换锚点　　　　　　图2-102　绘制新曲线

2.6 综合应用——绘制"古风荷花"

本例将利用各种绘图工具绘制一幅古朴风格的荷花景象，设计效果如图 2-103 所示。

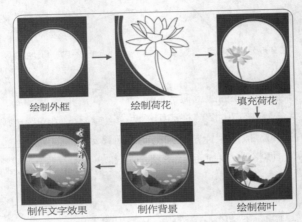

图 2-103　设计效果

微课：绘制"古风荷花"

【操作要点】

1. 制作背景图

步骤❶ 新建一个 ActionScript 3.0 文档。

步骤❷ 设置文档大小，宽为"450"，高为"540"，文档其他属性使用默认参数，如图 2-104 所示。

步骤❸ 单击【新建图层】按钮，新建并重命名图层，如图 2-105 所示。

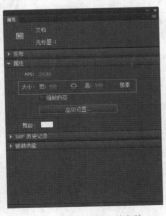

图 2-104　设置文档参数

图 2-105　新建并重命名图层

提示

双击某一图层的名称即可使图层的名称变为可编辑状态，此时输入新的名称后按 Enter 键即可完成图层的重命名。

2. 绘制矩形

步骤① 选择【矩形】工具█。

步骤② 在【颜色】面板中设置【笔触颜色】为"无"。

步骤③ 设置【填充颜色】为"径向渐变"。

步骤④ 设置从左至右第 1 个色块颜色为"#AC2C2C"，第 2 个色块颜色为"#56332D"。

步骤⑤ 在"背景"图层上绘制一个宽、高分别为"450""540"的矩形。

步骤⑥ 使图形相对舞台居中对齐，绘制矩形如图 2-106 所示。

3. 绘制椭圆

步骤① 选择【椭圆】工具◉。

步骤② 设置【笔触颜色】为"#FED3AB"。

步骤③ 设置【笔触高度】为"3"，设置【填充颜色】为"无"。

步骤④ 在"边框"图层上绘制一个直径为"390"的圆形。

步骤⑤ 使图形相对舞台居中对齐，图形效果如图 2-107 所示。

4. 复制图形

步骤① 使用【选择】工具▶选中"边框"图层中的圆形。

步骤② 打开【变形】面板，按照图 2-108 所示设置参数。

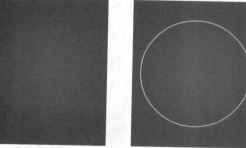

图 2-106　绘制矩形　　　　　图 2-107　圆形效果　　　　　图 2-108　设置参数

步骤③ 单击█按钮复制出一个直径为"370.5"的圆形。

步骤④ 设置【笔触颜色】为"#006666"，设置【笔触高度】为"1"。

步骤⑤ 选择【颜料桶】工具🪣，设置【填充颜色】为"白色"，填充小圆的区域，图形效果如图 2-109 所示。

5. 剪切图形

步骤① 选中"边框"图层上小圆的边界线。

步骤② 按 Ctrl+X 组合键进行剪切。

步骤③ 按 Ctrl+Shift+V 组合键将其粘贴到"边线"图层上。

步骤④ 锁定"背景""边框""边线"图层。

6. 绘制荷花

步骤① 绘制花形。

① 选择【线条】工具╱，设置【笔触颜色】为"黑色"，设置【笔触高度】为"1"，如图 2-110

所示。

② 在"荷花"图层上绘制荷花的大体轮廓，如图 2-111 所示。

③ 利用【选择】工具 调整荷花的形状，如图 2-112 所示。

　　图 2-109　图形效果　　　　图 2-110　设置线条属性　　　图 2-111　绘制荷花的大体轮廓　　图 2-112　调整荷花的形状

　　　　调整荷花形状相对复杂，需要耐心和细心，当调整形状时出现困难形状请不要轻言放弃。

步骤② 绘制叶柄。

① 利用【线条】工具 在"荷花"图层上绘制叶柄，如图 2-113 所示。

② 选择【颜料桶】工具 ，设置【填充颜色】为"#EEAACC"，填充花瓣的背面，如图 2-114 所示。

③ 选择【颜料桶】工具 ，设置【填充颜色】为"线性渐变"，从左至右第 1 个色块颜色为"白色"，第 2 个色块颜色的填充颜色为"#FFCCFF"，填充花瓣的正面，如图 2-115 所示。

　　　图 2-113　绘制叶柄　　　　图 2-114　填充花瓣的背面　　　　图 2-115　填充花瓣的正面

④ 利用同样的方法填充其他的区域，然后为叶柄（填充色为#339933）、莲蓬（填充色为#83DBA6）上色，最后删除多余的线段，荷花的整体效果如图 2-116 所示。

7. 绘制荷叶

步骤① 绘制轮廓。

① 选择【线条】工具 ，设置【笔触颜色】为"#003333"，设置【笔触高度】为"1"。

② 在"荷叶"图层上绘制荷叶的大致轮廓。

③ 利用【选择】工具 调整其形状，荷叶效果如图 2-117 所示。

步骤② 填充图形。

① 选择【颜料桶】工具 ，设置【填充颜色】为"线性渐变"。

② 设置从左至右第 1 个色块的填充颜色为"#0D2D22"，第 2 个色块的填充颜色为"#20823D"。

③ 填充荷叶，如图 2-118 所示。

图 2-116 荷花的整体效果　　　图 2-117 荷叶效果　　　图 2-118 填充荷叶

8. 制作湖面背景

步骤① 图层操作。

① 解锁"边框"图层。

② 选中"边框"图层上内部的白色填充区域，将其剪切到"湖面"图层上，并与舞台居中对齐。

步骤② 为湖面着色。

① 选择【颜料桶】工具 ，设置【填充颜色】为"线性渐变"。

② 设置从左至右第 1 个色块的填充颜色为"#009933"，第 2 个色块的填充颜色为"白色"，第 3 个色块的填充颜色为"#CCCCCC"，如图 2-119 所示。

③ 填充湖面颜色，如图 2-120 所示。

步骤③ 绘制湖面水印。

① 选择【椭圆】工具 ，在【属性】面板中设置【笔触颜色】为"无"。

② 设置【填充颜色】为"#CCCCCC"。

③ 在"水印"图层上绘制湖面水印，如图 2-121 所示。

图 2-119 设置颜色　　　图 2-120 填充湖面颜色　　　图 2-121 绘制湖面水印

9. 绘制古桥

步骤❶ 选择【线条】工具 ，设置【笔触颜色】为"黑色"，设置【笔触高度】为"1"，在"古桥"图层上绘制古桥，如图 2-122 所示。

步骤❷ 选择【颜料桶】工具 ，设置【填充颜色】为"#009966"，填充后删除边界线，如图 2-123 所示。

步骤❸ 创建元件。

① 选中"古桥"图层上的古桥，按 F8 键将其转化为影片剪辑元件。

② 命名元件为"古桥"，单击 确定 按钮完成创建，如图 2-124 所示。

图 2-122　绘制古桥　　　　图 2-123　填充古桥　　　　图 2-124　转换为影片剪辑元件

步骤❹ 添加滤镜。

① 返回到主场景。

② 选中舞台上名为"古桥"的影片剪辑元件。

③ 打开【属性】面板，为其添加"模糊"滤镜效果。

④ 滤镜参数设置如图 2-125 所示，滤镜效果如图 2-126 所示。

图 2-125　滤镜参数设置　　　　图 2-126　滤镜效果

10. 添加文字效果

步骤❶ 创建文字。

① 选择【文本】工具 ，设置【字体】为"书体坊米芾体"（读者可以设置自己喜欢的字体或者自行购买外部字体库）。

② 设置【字体大小】为"50"，【文本颜色】为"白色"。

③ 在"文字"图层上输入"古风荷花"，如图 2-127 所示。

步骤② 添加滤镜。

① 选中舞台上的文字，按 Ctrl+B 组合键将文字打散开。

② 打开【属性】面板，为其添加滤镜效果，参数设置如图 2-128 所示。

图 2-127　添加文字

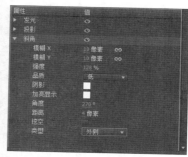
图 2-128　参数设置

③ 调整文字的位置，最终效果如图 2-129 所示。

图 2-129　最终效果

步骤③ 按 Ctrl+S 组合键保存测试影片，一个古朴风格的荷花制作完成。

2.7　习题

1. 说明矢量图形与位图图像的主要区别和用途。

2. 说明矢量图中线条和填充的区别。

3. 【铅笔】工具和【线条】工具在用法上有何主要区别？

4. 【选择】工具和【部分选取】工具在用法上有何区别？

5. 什么是锚点？对【钢笔】工具绘制的线条来说，锚点有何用途？

03

第 3 章
编辑图形

使用 Animate CC 2017 绘制图形并不是一蹴而就的。要绘制出一幅理想的作品，除了掌握绘图工具的用法外，还必须熟练掌握各种图形编辑工具的用法，从而对已有图形精雕细琢、逐步完善，最后获得理想的设计结果。

学习目标

✔ 了解 Animate CC 2017 中矢量图形的常用编辑方法。
✔ 掌握颜色的选择与编辑方法。
✔ 掌握文本的创建方法。
✔ 掌握常用辅助面板的使用方法。

3.1 颜色的选择与编辑

【知识解析】

Animate CC 2017 提供了很多应用、创建和修改颜色的方法。可以使用默认调色板或者自己创建的调色板，也可以将设置好的笔触颜色或填充颜色应用到要创建的舞台中或已有的对象上。

> 提示
>
> 笔触颜色可用来设置形状的轮廓色；填充颜色可用来设置形状的填充色。

3.1.1 【颜色样本】面板

在第 2 章中我们已经多次提到【颜色样本】面板，其主要构成元素如图 3-1 所示。
【颜色样本】面板主要包括以下内容。

◎ 颜色预览：位于面板的左上角，用于预览选取的颜色。

◎ 纯色样本：纯色样本主体部分由 216（18×12）种纯色组成，另外一部分是由左侧 6 种从黑到白的梯度纯色和红、绿、蓝、黄、青、泽红 6 种纯色组成。

◎ 渐变色样本：放置了系统提供的渐变色和用户自定义的渐变色。

◎ 颜色编码：位于颜色预览的右侧，用于显示（或直接输入）颜色的十六进制编码。

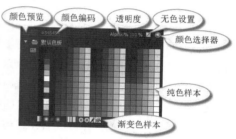

图 3-1 【颜色样本】面板主要构成元素

◎ 透明度：处于面板的右上角，用于设置颜色的透明程度，其取值范围是"0～100%"，取值越小越透明。其值为"100%"时为完全不透明，值为"0"时为完全透明。

◎ 无色设置：可以实现禁止填充颜色的功能。

◎ 颜色选择器：用于调出【颜色选择器】对话框，以选择更加个性化的颜色。

3.1.2 纯色编辑面板

如果直接使用上述方式选择【颜色样本】面板中的颜色，有时会感觉缺乏个性，此时可以借助下面介绍的【颜色】面板来加以调整。

1. 选择颜色

单击图 3-1 中面板右上角的【颜色选择器】按钮 ，调出【颜色选择器】对话框，如图 3-2 所示。可以通过以下 4 种方式选择颜色。

◎ 从左侧颜色样板中选择颜色。这种方式随意性较强，不够精确。

◎ 通过设置 HSB 值选择颜色。HSB 色彩模式是一种基于人眼的颜色模式，H 代表色相；S 代表饱和度；B 代表亮度。

◎ 通过设置 RGB 值选择颜色。RGB 分别为红、绿和蓝三原色，每项的取值范围为"0~255"。

图 3-2 【颜色选择器】对话框

◎ 输入颜色的十六进制编码。

　　　　在 HSB 或 RGB 中选中一个项目（例如选中 H 或 R），然后拖动颜色样板右侧的竖直滑动条，可以在保持其他值不变的情况下，将选定值从最小值调整到最大值，显示色彩的变化。

2. 应用颜色

选择合适的颜色后单击"颜色选择器"对话框中的 ■■■确定■■■ 按钮，结束选择操作，此时即可在【颜色】面板对应选取的【填充颜色】按钮 ■■■■■ 或 ■■■■■ 中预览到选取的颜色效果。

3.1.3　【颜色】面板

在【颜色】面板中可以选择、编辑纯色与渐变色。用户可以设置渐变色的类型，也可以在 RGB、HSB 模式下选择颜色，或者使用十六进制编码模式选择颜色，还可以指定 Alpha 值来定义颜色的透明度。

1. 选择、编辑纯色

选择【窗口】/【颜色】命令，打开【颜色】面板，如图 3-3 所示。单击 ■■■■■ 按钮，可以选择、编辑矢量线的颜色。单击 ■■■■■ 按钮，可以选择、编辑矢量色块的颜色。

【填充颜色】按钮下面对应的 3 个按钮的功能如下。

◎ ■：是默认颜色按钮，可以快速切换到黑白两色状态。

◎ ■：用于取消对矢量线的填充或是对矢量色块的填充。

◎ ■：用于快速切换矢量线和矢量色块之间的颜色。

图 3-3　【颜色】面板

【颜色】面板中下部为数值输入区和选择区，其参数用法如下。

◎【R】/【G】/【B】：用具体的 RGB 三色数值来获取标准色。

◎【H】/【S】/【B】：通过色相、饱和度和亮度设置颜色。

◎【A】：设置透明度。

◎ 颜色选取区：在该区域单击随意选择颜色。

2. 线性渐变填充

渐变色编辑操作主要包括线性渐变、径向渐变和位图填充 3 种方式。从线性渐变方式填充时，颜色按照设置的直线方向变化，下面介绍其用法。

【操作要点】

步骤❶ 在【颜色】面板顶部的【类型】选项下拉列表中选择【线性渐变】选项，如图 3-4 所示。
步骤❷ 在渐变色条下方单击增加色标 ■。

　　　　每个 ■ 代表一个色阶。拖动 ■ 可以移动其位置，将其向右拖出色条外可以删除该色阶。在任意位置单击可以添加一个色阶，选中任一 ■，在面板上部为其设置颜色。单击 ■添加到色板■ 按钮可将该渐变色添加到图 3-1 所示的【颜色样本】面板的渐变色样本中。

步骤❸ 选择【矩形】工具▣，在舞台中任意拖动可绘制具有渐变色的矩形，如图 3-5 所示。

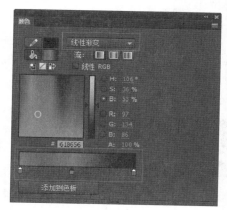

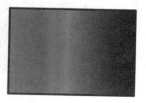

图 3-4 选择【线性渐变】选项　　　图 3-5 拖曳出具有渐变色的矩形

步骤❹ 在【工具】面板中单击【任意变形】工具▣右侧下拉按钮，从弹出的工具组中选择【渐变变形】工具▣，向右移动渐变色的中心位置，并缩小渐变范围，如图 3-6 所示。

步骤❺ 在【颜色】面板的【流】选项右侧选择第 2 个选项▣（反射颜色），则超出渐变范围的渐变色会以镜像的方式继续填充图形，如图 3-7 所示。

提示

　　　　【流】选项用于设置渐变区域（图 3-6 中两条平行线）之外的颜色。选择第 1 个选项▣（扩展颜色），则超出渐变范围的渐变色会以平行线处的颜色在两侧继续使用纯色填充，如图 3-6 所示；选取第 3 个选项▣（重复颜色），则超出渐变范围的渐变色会以重复模式继续填充图形，如图 3-8 所示。

图 3-6 缩小渐变范围　　　图 3-7 以镜像方式填充图形　　　图 3-8 重复模式填充图形

3. 径向渐变填充

以径向渐变方式填充时，颜色按照中心向四周方向变化，下面介绍其用法。

【操作要点】

步骤❶ 在【颜色】面板的【类型】选项下拉列表中选择【径向渐变】选项，在渐变色条下方增减色标▣，完成对径向渐变色的编辑，如图 3-9 所示。

步骤❷ 选择【椭圆】工具▣，按住 Shift 键在舞台中拖动可绘制具有渐变色的圆形，如图 3-10 所示。

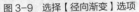

图 3-9　选择【径向渐变】选项　　　　　图 3-10　拖动可绘制具有渐变色的圆形

4. 位图填充

以位图填充方式填充时，可使用选定的位图填充图形特定区域，下面介绍其用法。

【操作要点】

步骤① 在【颜色】面板的【类型】选项下拉列表中选择【位图填充】选项，如图 3-11 所示。

步骤② 单击 导入… 按钮导入位图格式的图片，导入的图片将显示在【颜色】面板中。

步骤③ 单击 按钮，从图案列表中选取边线图案。

步骤④ 单击 按钮，从图案列表中选取填充图案。

步骤⑤ 选择【椭圆】工具 ，按住 Shift 键在舞台中拖曳出圆形，此时圆形已被位图填充，位图填充效果如图 3-12 所示。

图 3-11　选择【位图填充】选项　　　　　图 3-12　位图填充效果

步骤⑥ 选择【填充变形】工具 ，在圆形填充区域内单击，拖动边框边上的手柄，调整位图填充的大小，如图 3-13 所示。

步骤⑦ 拖动边框角上的手柄，旋转位图填充角度；拖动边框中心的圆点，移动填充位图的位置，如图 3-14 所示。

图 3-13　调整位图填充的大小　　　　图 3-14　移动填充位图的位置

3.2　编辑调整工具

【知识解析】

矢量图形的编辑和调整主要是围绕矢量线和矢量色块来进行的，例如改变线条的样式，改变填充色块的色彩和填充类型等。编辑和调整工具的使用是精细化作品的必要步骤。

3.2.1　【墨水瓶】工具

利用【墨水瓶】工具 可以对矢量线进行编辑修改，具体操作步骤如下。

【操作要点】

步骤①　选择【矩形】工具，在【属性】面板的【矩形选项】参数组中设置矩形圆角半径为"40"。

步骤②　设置【笔触颜色】为"蓝色"，设置【笔触高度】为"2"，设置【填充颜色】为"红色"，拖动鼠标在舞台中绘制一个带有边线的圆角矩形，如图 3-15 所示。

步骤③　选择【墨水瓶】工具，其【属性】面板和【线条】工具的【属性】面板基本一致，如图 3-16 所示。

图 3-15　绘制圆角矩形

图 3-16　【墨水瓶】工具【属性】面板

步骤④　在【属性】面板中设置【笔触颜色】为"绿色"，【笔触高度】为"5"，在【样式】选项下拉列表中选择线条样式为虚线，如图 3-17 所示。

步骤⑤ 在圆角矩形的边线上单击鼠标左键，修改外框线的色彩和样式，编辑后的圆角矩形如图 3-18 所示。

图 3-17　设置参数

图 3-18　编辑后的圆角矩形

3.2.2　【颜料桶】工具

利用【颜料桶】工具🪣可以对矢量色块进行编辑修改，具体操作步骤如下。

【操作要点】

1．绘制矩形

步骤① 选择【矩形】工具▢，在【属性】面板中单击【填充颜色】色块，在弹出的【颜色样本】面板中单击▨按钮取消填充颜色。

步骤② 设置【笔触颜色】为"黑色"，【笔触高度】为"2"。

步骤③ 绘制一个矩形。

2．复制矩形

步骤① 使用【选择】工具▸框选绘制的矩形。

步骤② 按住 Alt 键向右侧移动鼠标复制出两个副本，如图 3-19 所示。

3．擦除图形

步骤① 选择【橡皮擦】工具◢在第 2 个矩形上擦出一个缺口。

步骤② 在第 3 个矩形上擦出一个稍大些的缺口，如图 3-20 所示。

图 3-19　复制矩形　　　　　　　　　　　　　　图 3-20　擦出缺口

擦出稍大些的缺口时应注意缺口不能太大，否则无法填充颜色。

4．填充图形

步骤① 选择【颜料桶】工具🪣，此时在【工具】面板底部【选项参数】区中包含【空隙大小】和【锁定填充】两个按钮选项。

步骤② 单击【空隙大小】按钮，然后选择【不封闭空隙】选项，使用"红色"填充画面中的图形，如图 3-21 所示。此时会发现只有完全封闭的区域才能填充颜色，在其他的区域则无法填充颜色。

步骤③ 选择【封闭小空隙】选项，并用"绿色"填充画面中的图形，此时依然只有左侧的图形可以填充颜色，如图 3-22 所示。

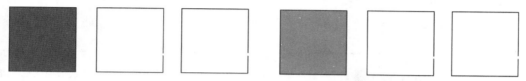

图 3-21 【不封闭空隙】填充　　　　　　　　　　图 3-22 【封闭小空隙】填充

步骤④ 选择【封闭中等空隙】选项，使用"蓝色"填充画面中的图形，此时已经可以填充中间的图形了，但右侧的图形仍然无法填充，如图 3-23 所示。

步骤⑤ 选择【封闭大空隙】选项，使用"紫色"进行填充，此时最后一个图形也会被填充上颜色，如图 3-24 所示。

图 3-23 【封闭中等空隙】填充　　　　　　　　　图 3-24 【封闭大空隙】填充

3.2.3 【滴管】工具

【滴管】工具 🖊 能提取画面中矢量线、矢量色块及位图等的相关属性，并将其应用于其他矢量对象上，帮助用户简化了许多重复的属性选择步骤。

　　　　　【滴管】工具 🖊 可以提取源矢量线的笔触颜色、笔触高度和笔触样式等属性，并将其直接应用到目标矢量线上，使后者具有前者的属性。

【操作要点】

1. 提取笔触属性

步骤① 选择【椭圆】工具 ⬭，在【属性】面板中设置【笔触颜色】【笔触高度】【笔触样式】选项，并取消填充颜色，然后绘制一个椭圆。

步骤② 选择【矩形】工具 ▢，在【属性】面板中设置与【椭圆】工具 ⬭ 不同的【笔触颜色】【笔触高度】【笔触样式】选项，并取消填充颜色，然后绘制一个矩形。绘制的椭圆和矩如图 3-25 所示。

步骤③ 选择【滴管】工具 🖊，在椭圆的外框线上单击鼠标左键，再移动鼠标指针，在矩形的外框线上单击鼠标左键，此时矩形外框线的属性就和椭圆外框线的属性相一致了，如图 3-26 所示。

图 3-25　绘制的椭圆和矩形　　　　　　　　图 3-26　改变目标线属性

2. 提取颜色属性

【滴管】工具 ✎ 还可以提取填充颜色的相关属性，不论是单色还是复杂的渐变色，都可以被提取，传递给目标矢量色块。

步骤① 选择【矩形】工具 ▣，在【属性】面板中设置不同的填充颜色，绘制两个矩形，如图 3-27 所示。

步骤② 选择【滴管】工具 ✎，在左侧矩形的填充色上单击鼠标左键，采集填充颜色属性样本。

步骤③ 在右侧矩形的填充色上单击鼠标左键，应用颜色属性样本，结果如图 3-28 所示。

图 3-27　绘制两个填充颜色不同的矩形　　　　图 3-28　改变目标填充颜色的属性

3. 提取分离位图

【滴管】工具 ✎ 可以提取外部导入的位图样式作为填充图案，使填充的图形像编织的花布一样，重复排列吸取的位图图案。

步骤① 选择【椭圆】工具 ◯ 在舞台中绘制一个圆形，如图 3-29 所示。

步骤② 选择菜单命令【文件】/【导入】/【导入到舞台】，打开【导入】对话框，在图形类型列表中选择【JPEG 图像】类型。

步骤③ 导入素材文件"素材\第 3 章\图案.jpg"，使用【选择】工具 ▸ 适当调整图形位置，如图 3-30 所示。

图 3-29　创建圆形　　　　　　图 3-30　导入素材

步骤④ 选择【滴管】工具 🖊️，将鼠标指针移动到图形上，其状态变为吸取状态，单击鼠标左键吸取样本；将鼠标指针移动到圆形上，鼠标指针将变成【颜料桶】工具符号，如图 3-31 所示。

步骤⑤ 单击鼠标左键应用样本，此时不能直接应用位图中的图案，只应用了色彩，如图 3-32 所示。

图 3-31　吸取样本　　　　　　　　　　　图 3-32　应用色彩

步骤⑥ 选择菜单命令【修改】/【分离】，将位图转换为矢量图形，分离位图效果如图 3-33 所示。

步骤⑦ 选择【滴管】工具 🖊️，将鼠标指针移动到图形上吸取图案样本，然后在圆形上单击鼠标左键应用样本，可以看到图案被正确采集了，如图 3-34 所示。

图 3-33　分离位图效果　　　　　　　　　图 3-34　应用样本

4. 提取文本属性

　　【滴管】工具 🖊️ 可以吸取文本颜色属性，但不能吸取文本内容。

步骤① 选取【文本】工具 T，在舞台中单击鼠标左键，输入"海纳百川"4 个字，将字设置为"红色""黑体"。

步骤② 在舞台中的空白区域单击鼠标左键，输入"有容乃大"4 个字，将字设置为"蓝色""隶书"。文字效果如图 3-35 所示。

步骤③ 选择文本"有容乃大"作为目标对象，选择【滴管】工具 🖊️，将鼠标指针移动到源文本"海纳百川"上，此时鼠标指针将变为【滴管】工具 🖊️ 和【文本】工具 T 复合的形式。

步骤④ 在源文本对象上单击鼠标左键，此时目标文本的文本颜色将与源文本完全一致，如图 3-36 所示。

海纳百川　　海纳百川

有容乃大　　有容乃大

图 3-35　文字效果　　图 3-36　颜色属性完全一致的两组文本

3.2.4　【橡皮擦】工具

　　使用【橡皮擦】工具 🖊️ 可以擦除舞台中分解的矢量线、矢量色块和位图等。

【操作要点】

1. 擦除矢量图形

步骤① 选择【椭圆】工具 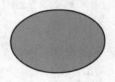，设置笔触为"黑色"，填充色为"绿色"，在画面中绘制一个椭圆，如图 3-37 所示。

步骤② 选择【橡皮擦】工具 ，此时【工具】面板底部【选项参数】区中将包含【橡皮擦模式】【水龙头】【橡皮擦形状】3 个属性选项，如图 3-38 所示。

步骤③ 单击【橡皮擦形状】按钮 ，在弹出的工具组中选择橡皮擦形状和大小。

图 3-37 绘制椭圆　　　　图 3-38 橡皮擦【选项参数】区

步骤④ 单击【橡皮擦模式】按钮 ，在弹出的工具组中包含 5 个属性选项。

① 选择【标准擦除】模式擦除椭圆，可以同时擦除椭圆的边缘线和填充颜色，如图 3-39 所示。

② 选择【擦除填色】模式擦除椭圆，只能擦除椭圆的填充颜色，不会擦除边缘线，如图 3-40 所示。

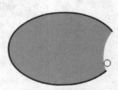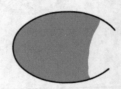

图 3-39 使用【标准擦除】模式擦除椭圆　　图 3-40 使用【擦除填色】模式擦除椭圆

③ 选择【擦除线条】模式擦除椭圆，只能擦除椭圆的边缘线，不会擦除填充色块，如图 3-41 所示。

④ 选择【擦除所选填充】模式擦除椭圆，会发现当没有选择任何对象时该操作是无效的。单击【选择】工具 选择填充色块可以将其擦除，但边缘线无法被擦除，如图 3-42 所示。

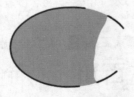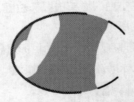

图 3-41 使用【擦除线条】模式擦除椭圆　　图 3-42 使用【擦除所选填充】模式擦除椭圆

⑤ 取消椭圆的选中状态，选择【内部擦除】模式擦除椭圆，可以擦除处于封闭形状内部的填充色块，但不会擦除色块边缘部分和边缘线，如图 3-43 所示。

步骤⑤ 单击【水龙头】按钮 ，在椭圆色块上单击鼠标左键，可以一次擦除连续的填充颜色，如图 3-44 所示。再次单击【水龙头】按钮 使其处于弹起状态，方便后续操作。

图 3-43　使用【内部擦除】模式擦除椭圆　　　　图 3-44　一次擦除连续的填充颜色

步骤⑥ 双击【工具】面板中的【橡皮擦】工具 ，将舞台中的椭圆全部擦除。

2. 擦除文本和位图

如果要擦除文本和位图，必须先将其分离，然后用【橡皮擦】工具 进行擦除。

步骤① 选择【文本】工具 ，输入文本"霜叶红于二月花"，如图 3-45 所示。

步骤② 选择菜单命令【文件】/【导入】/【导入到舞台】，导入素材文件"素材\第 3 章\枫叶.jpg"，如图 3-46 所示。

步骤③ 选择【橡皮擦】工具 擦除文本和位图，可以发现一旦释放鼠标，被擦除的图形就自动恢复到擦除前的状态。

图 3-45　输入文本　　　　图 3-46　导入素材文件

步骤④ 按住 Shift 键同时选择文本和位图，再选择菜单命令【修改】/【分离】，将文本和位图一起分离，如图 3-47 所示，但此时文本仅分离为单个文字，还没有彻底被分离。

步骤⑤ 选择文本，选择菜单命令【修改】/【分离】将其彻底分离。

步骤⑥ 选择【橡皮擦】工具 即可在舞台中轻松擦除文本和位图了，如图 3-48 所示。

图 3-47　分离文本和位图　　　　图 3-48　擦除文本和位图

3.2.5　【套索】工具

【套索】工具组中包含【套索】工具 、【多边形】工具 和【魔术棒】工具 3 种，用于选择画面中的图形，包括被分离的位图。

【操作要点】

1. 使用【套索】工具

步骤① 在舞台上绘制一个五边形，如图 3-49 所示。

步骤② 选中【套索】工具 ，按住鼠标左键绘制一个闭合区域，如图 3-50 所示。

步骤③ 释放鼠标左键后，五边形位于闭合区域的部分被选中，鼠标指针变为移动模式，可以拖动鼠标移动选定的图形，如图 3-51 所示。

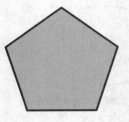
图 3-49　绘制五边形

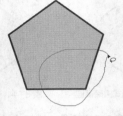
图 3-50　绘制闭合区域 1

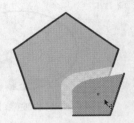
图 3-51　移动对象 1

2. 使用【多边形】工具

步骤❶ 在舞台上绘制一个星形，如图 3-52 所示。

步骤❷ 单击【套索】工具右下角下拉按钮，在弹出的工具组中选中【多边形】工具，绘制一组线段围成一个闭合区域，如图 3-53 所示。

步骤❸ 双击鼠标左键，星形位于闭合区域的部分被选中，单击【选择】工具可以拖动鼠标移动选定的图形，如图 3-54 所示。

图 3-52　绘制星形

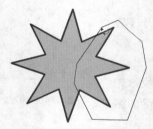
图 3-53　绘制闭合区域 2

图 3-54　移动对象 2

3. 使用【魔术棒】工具选择分离的位图

步骤❶ 新建一个 ActionScript 3.0 文档。选择菜单命令【文件】/【导入】/【导入到舞台】，导入素材文件"素材\第 3 章\鸟.jpg"。

步骤❷ 在【属性】面板中适当调整图片的大小和位置属性，如图 3-55 所示，使之居于舞台中央，如图 3-56 所示。

图 3-55　设置属性　　　　图 3-56　调整素材位置

步骤❸ 选择菜单命令【修改】/【分离】，将位图分离，如图 3-57 所示。在位图外任意区域单击，取消选中位图。

步骤❹ 选择【套索】工具，按住鼠标在画面中拖动绘制一个封闭的选区，将鸟选中，如图 3-58 所示。按 Ctrl+Z 组合键撤销选择。

步骤⑤ 选中【多边形】工具 ，绘制一组线段围成一个闭合区域，最后双击鼠标左键结束选择，如图 3-59 所示。按 Ctrl+Z 组合键撤销选择。

步骤⑥ 单击【魔术棒】工具 ，在【属性】面板中设置【阈值】为 "20"，然后单击选中鸟身上部分羽毛的色块，如图 3-60 所示。

图 3-57　分离位图　　　　图 3-58　绘制选区　　　　图 3-59　选择位图局部区域　　　图 3-60　使用【魔术棒】工具选中色块

提示　【魔术棒】工具 中的【阈值】参数取值范围为 0～200，值越大，【魔术棒】的容差范围就越大，能选中色彩差异更大的范围。【平滑】选项是对阈值的进一步补充，其中包括 "像素" "粗略" "一般" "平滑" 4 个选项。

3.3　使用变形工具

【知识解析】

变形工具包括【任意变形】工具 和【渐变变形】工具 两类。

3.3.1　【任意变形】工具

使用【任意变形】工具 或【修改】/【变形】菜单命令中的选项，可以将图形对象、组、文本块和实例进行变形。根据所选的元素类型，可以任意变形、旋转、倾斜、缩放或扭曲该元素。在变形操作期间，可以更改或添加选择内容。

【操作要点】

1. 旋转与倾斜对象

步骤① 使用【矩形】工具在舞台中绘制一个矩形。

步骤② 在【工具】面板中选中【任意变形】工具 。

步骤③ 单击【选择】工具 并框选整个矩形，在【工具】面板底部激活【选项参数】区。

步骤④ 在【选项参数】区中单击【旋转与倾斜】按钮 。

步骤⑤ 将鼠标指针置于顶点处，当鼠标指针变为旋转图标时按住鼠标左键拖动可旋转图形，如图 3-61 所示，移动图中白色旋转中心位置可以根据需要用鼠标拖动。

步骤⑥ 按 Ctrl+Z 组合键撤销操作。

步骤⑦ 将鼠标指针置于变形中点处，当鼠标指针变为倾斜图标时，可以拖动鼠标使图形倾斜变形，如图 3-62 所示。

步骤⑧ 按 Ctrl+Z 组合键撤销操作。

2. 缩放对象

步骤① 在【选项参数】区中单击【缩放】按钮，拖动 4 个顶点可以整体缩放图形，如图 3-63 所示。

步骤② 拖动边线中点可以沿水平或竖直方向缩放图形。沿水平方向缩放图形如图 3-64 所示。

步骤③ 按 Ctrl+Z 组合键撤销操作。

图 3-61　旋转图形　　图 3-62　倾斜图形　　图 3-63　整体缩放图形

3. 扭曲对象

步骤① 在【选项参数】区中单击【扭曲】按钮。

步骤② 拖动任意一个控制点都可以让图形扭曲变形，如图 3-65 所示。

步骤③ 多次按 Ctrl+Z 组合键撤销所有变形操作。

4. 使用封套

步骤① 在【选项参数】区中单击【封套】按钮，在图形外部将增加封套。

步骤② 通过调整封套形状来调整图形形状，如图 3-66 所示。

图 3-64　沿水平方向缩放图形　　图 3-65　图形扭曲变形　　图 3-66　使用封套调节图形

当图形形状不规则时，封套与图形边线不再重合，如图 3-67 所示。另外，选中【任意变形】工具并选中对象后，拖动对象控制点的同时按住 Ctrl+Shift 组合键，可以使与该点对称的另一个点产生对称的变形，如图 3-68 所示。

图 3-67　显示封套　　图 3-68　使用封套对称调节图形

3.3.2 【渐变变形】工具

【渐变变形】工具▣与【任意变形】工具▣在一个工具组中，单击【任意变形】工具▣右下角的下拉按钮，在弹出的工具组中选择【渐变变形】工具▣。该工具主要用于调整渐变色的填充样式，使其产生较为丰富的变化。

【操作要点】

1. 调整径向渐变填充

步骤① 选择【椭圆】工具 ⬭，选择由红到黑的放射状渐变色，在舞台中绘制一个椭圆，如图 3-69 所示。

步骤② 选择【渐变变形】工具▣，在椭圆的渐变色上单击，出现限制放射状渐变范围的框和控制点，单击拖动圆形控制点（大小控制）可以缩放渐变区域，如图 3-70 所示。

步骤③ 向外拖动方形手柄（渐变宽度控制），横向拉伸渐变区域，如图 3-71 所示。

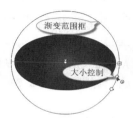
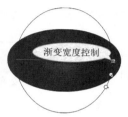

图 3-69 绘制一个椭圆 　　图 3-70 缩放渐变区域 　　图 3-71 横向拉伸渐变区域

步骤④ 按住最外侧的圆形手柄（旋转控制），拖动可控制渐变色的角度，如图 3-72 所示。

步骤⑤ 向右下角移动中心的三角形焦点，移动渐变焦点的位置，如图 3-73 所示。

步骤⑥ 向左上角移动中心的圆点，移动渐变中心的位置，如图 3-74 所示。

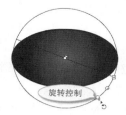
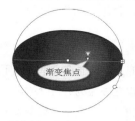
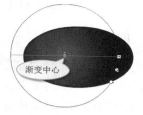

图 3-72 旋转渐变色的角度 　　图 3-73 移动渐变焦点的位置 　　图 3-74 移动渐变中心的位置

2. 调整线性渐变填充

步骤① 选择【颜料桶】工具 🖐，选择一种线性渐变色填充椭圆，如图 3-75 所示。

步骤② 选择【渐变变形】工具▣，在渐变色上单击鼠标左键，会出现限制线性渐变范围的一组平行线、一个渐变中心和两个手柄。

步骤③ 向内拖动方形手柄，缩小渐变色的横向区域，如图 3-76 所示。

图 3-75 填充线性渐变色 　　图 3-76 缩小渐变色横向区域

步骤④ 向右移动渐变中心，调整渐变色的位置，如图 3-77 所示。

步骤⑤ 拖动移动手柄调整渐变区域的大小（平行线线区域大小，平行线外为纯色区），如图 3-78 所示。

步骤⑥ 按住外侧的圆形手柄旋转，调整渐变色的渐变方向，会出现图 3-79 所示的效果。

 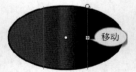 

图 3-77　移动渐变色的位置　　　　图 3-78　调整渐变区域的大小　　图 3-79　调整渐变方向效果

3.4　创建文本

当在 Animate CC 2017 影片中使用系统安装的字体时，Animate CC 2017 会将该字体信息嵌入 Animate CC SWF 文件，从而确保该字体能够在 Animate CC Player 中正常显示。

> **提示**　并不是所有显示在 Animate CC 2017 中的字体都可以随影片导出，如果用户在作品中使用了计算机里没有安装的字体，将会造成字体不兼容的错误，所以最好使用系统自带的字体。

利用【文本】工具 T 可以创建不同类型的文本，并可以设置不同的文本属性。在 Animate 中可以创建静态文本、动态文本和输入文本。

静态文本在动画运行期间不可以编辑修改，是一种普通文本，动态文本是一种比较特殊的文本，在动画运行的过程中，可以通过 ActionScript 脚本进行编辑修改；输入文本可以直接在编辑文本框中输入数字或字母等，还可以对输入的文本进行剪切、复制、粘贴等基本操作。

3.4.1　创建静态文本

静态文本和动态文本的创建方法相似，创建时在文本类型下拉列表中选取【静态文本】或【动态文本】选项即可。本小节以静态文本创建方法为例进行介绍。

可以使用计算机上丰富的字体来创建文本，将静态文本发布到 HTML5 项目时，会自动转换为轮廓，这样即使用户没有安装这些字体也能查看到正确的文本效果。

【操作要点】

步骤① 选择【文本】工具 T，在【属性】面板的文本【类型】下拉列表中选择【静态文本】选项，如图 3-80 所示。

步骤② 在舞台中单击鼠标左键，在出现的文本框中输入文字，如图 3-81 所示。此时，文本在水平方向上不断延伸，并超出舞台显示区。

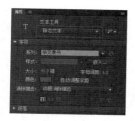

图 3-80　【属性】面板 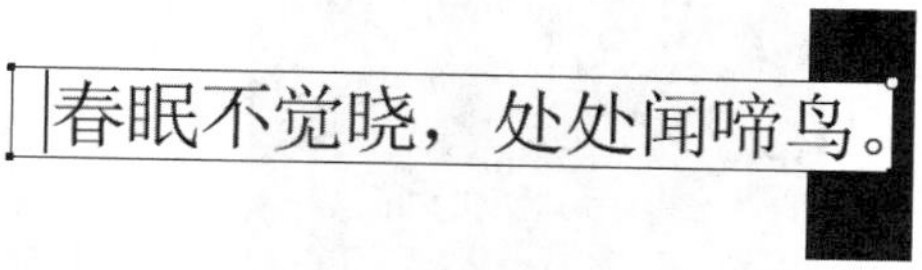　　　　　　　　图 3-81　在文本框内输入文字 1

步骤③ 双击【橡皮擦】工具 🗑 清空舞台内容。在舞台中拖动鼠标绘制出一个文本框，然后在其中输入文字，如图 3-82 所示。此时，文字将被限制在文本框内，不会延长到舞台外面去。

步骤④ 向左拖动文本框右上角的方形手柄，缩小文本行宽后的效果如图 3-83 所示。随后输入的文字将被限制在新界定的文本框内，一行结束后将自动转到下一行。

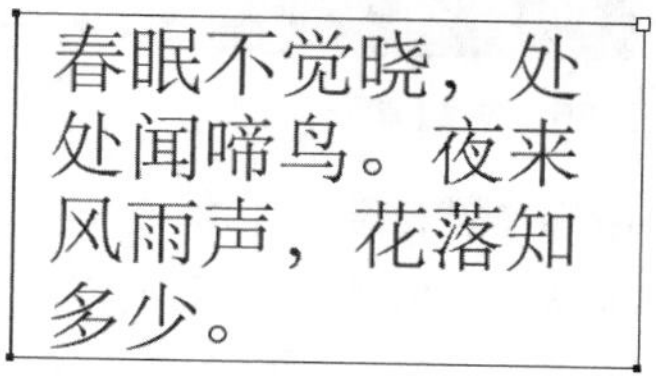

图 3-82　在文本框内输入文字 2 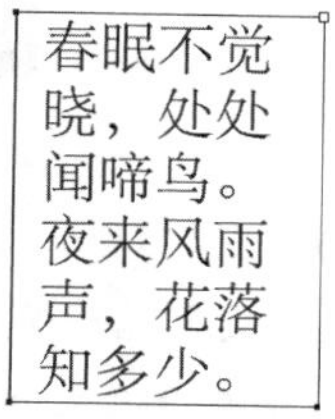　　　　图 3-83　缩小文本行宽后的效果

步骤⑤ 双击文本框右上角的手柄，文字将回到单行状态，手柄也变成圆形。然后按 Ctrl+Z 组合键恢复上一步操作。

步骤⑥ 在文本框内单击鼠标右键，在弹出的快捷菜单中选择【全选】命令，将文本框内的文本全部选中，如图 3-84 所示。

步骤⑦ 在【属性】面板的【字符】参数组中，从【系列】下拉列表中选择"华文中宋"。在【大小】选项中设置字体大小为"48"；在【字母间距】选项中设置文字之间的间距为"10"；在【颜色】选项中设置文字颜色为"红色"。适当调整文本框大小，调整后的文字如图 3-85 所示。

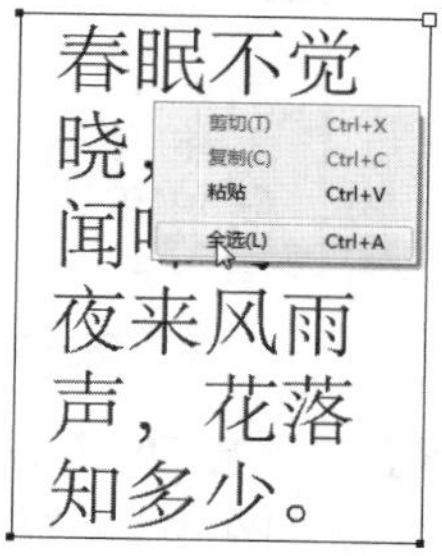

图 3-84　全选文本 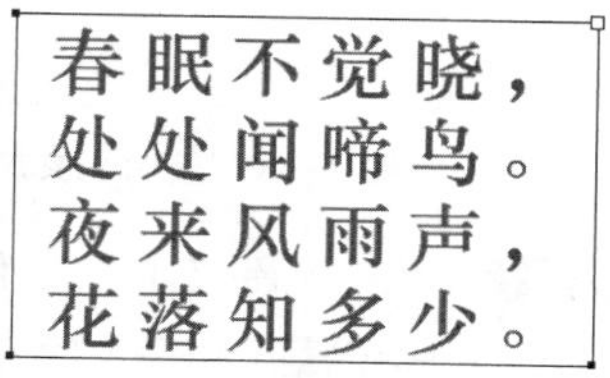　　　　　　　图 3-85　调整后的文字

3.4.2　创建输入文本

输入文本可以使用网络字体来创建，字体丰富，使用方便。

【操作要点】

1. 创建单行文本

步骤① 选择【文本】工具 T，打开【属性】面板，在顶部的文本【类型】下拉列表中选择【输入文本】选项。

步骤② 展开【段落】参数组，在【行为】下拉列表中选择【单行】创建单行文本，如图 3-86 所示。

步骤③ 在【字符】参数组中设置字体为"楷体"、大小为"30"、字母间距为"0"、颜色为红色，然后在舞台中绘制一个文本框并输入文字，如图 3-87 所示。

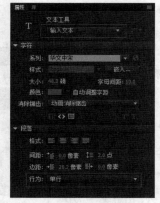

图 3-86　选择【单行】 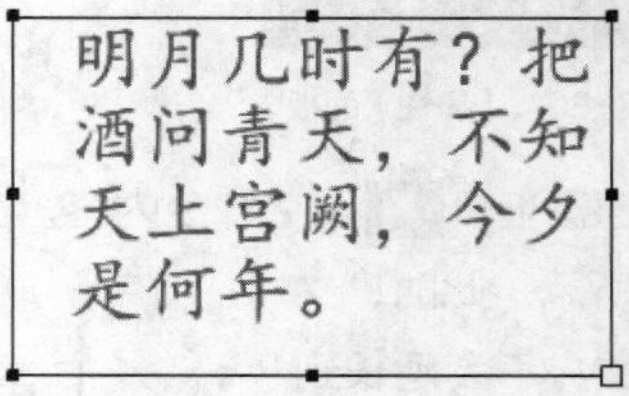　　　　　　　　　　图 3-87　输入文字

步骤④ 在文本框外部单击鼠标左键，结束文本输入操作，最终只显示一行文本，如图 3-88 所示。重新选中文本框并加大文本框宽度才能显示更多内容。

2. 创建多行文本

步骤① 选中全部文本，在【属性】面板中的【段落】参数组中的【行为】下拉列表中选取【多行】选项，将文本转换为多行文本，将依据文本框宽度自动换行，如图 3-89 所示。

步骤② 选中全部文本。在【属性】面板设置字体为"华文隶书"、大小为"48"、字母间距为"6"、颜色为"紫色"。按 Enter 键换行，调整后的文本如图 3-90 所示。

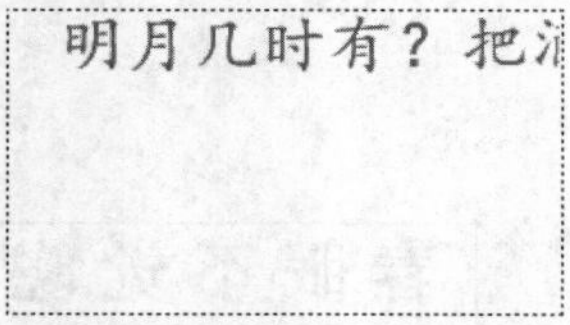

图 3-88　显示单行文本 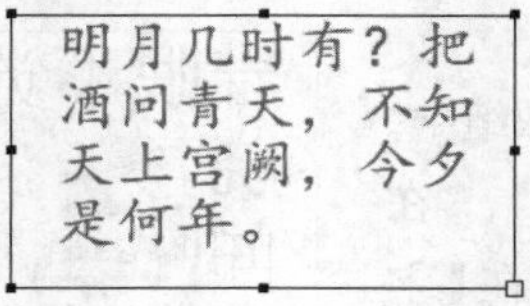　　　　　图 3-89　文本换行 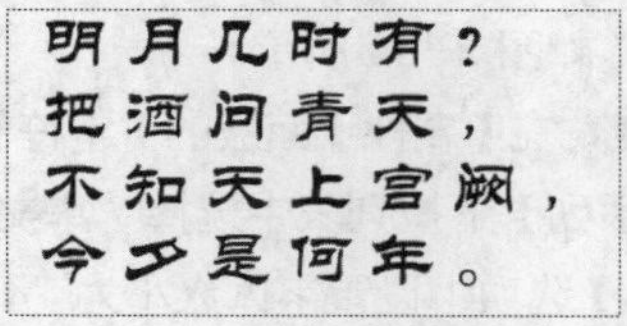　　　　　图 3-90　调整后的文本

步骤③ 选中全部文本，在【段落】参数组下的【格式】中设置文字对齐方式。

◎ 单击■按钮使文字左对齐，如图 3-90 所示。

◎ 单击■按钮使文字居中对齐，如图 3-91 所示。

◎ 单击■按钮使文字右对齐，如图 3-92 所示。

◎ 单击■按钮使文字两端对齐。

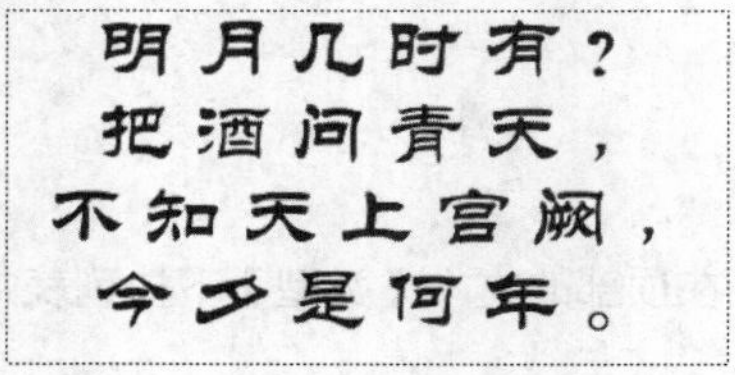

图 3-91　居中对齐 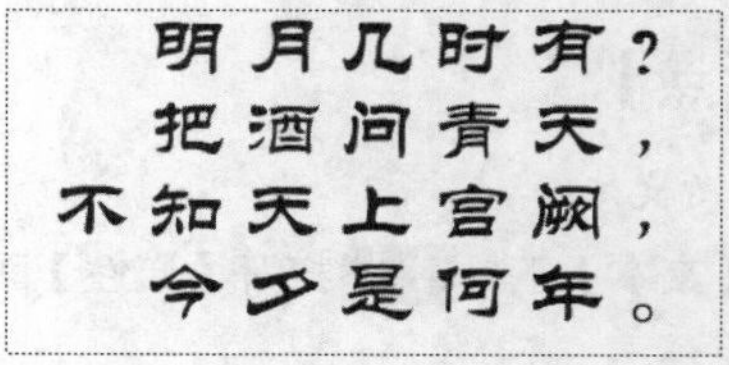　　　　　　　　　图 3-92　右对齐

步骤④ 在【段落】参数组下的【边距】中设置文本到文本框的左边距（■）和右边距（■），如图 3-93 所示；在【间距】中设置缩进（■）和行距（■），缩小文本行宽后的效果如图 3-94 所示。

图 3-93 放置文本到文本框的左边距和右边距

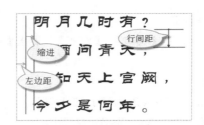

图 3-94 缩小文本行宽后的效果

3. 编辑公式

步骤① 双击【橡皮擦】工具 ✐ 删除舞台中的文本，然后选择【文本】工具，选择【静态文本】，在舞台中单击后重新输入数学公式，设置字体为"Time New Roman"，如图 3-95 所示。

步骤② 在【消除锯齿】下拉列表中选择【动画消除锯齿】选项，在【属性】面板中的【字符】参数组底部单击 **T** 按钮，确保右侧的 **T¹** 按钮和 **T₁** 按钮为激活状态。

步骤③ 使用 **T¹** 按钮和 **T₁** 按钮为公式设置上标、下标，如图 3-96 所示。

$$f(x,y) = x12 + y12$$

图 3-95 输入数学公式

$$f(x,y) = x_1^2 + y_1^2$$

图 3-96 为公式设置上下标

步骤④ 选中刚创建的文本，在【属性】面板底部展开【滤镜】参数组，单击 **➕▾** 按钮，为文本添加发光滤镜，如图 3-97 所示。按照图 3-98 所示设置滤镜参数，滤镜效果如图 3-99 所示。

步骤⑤ 在图 3-97 中单击 **➖** 按钮可以删除当前滤镜效果。

图 3-97 添加发光滤镜

图 3-98 滤镜参数

$$f(x,y) = x_1^2 + y_1^2$$

图 3-99 滤镜效果

3.5 使用辅助面板

【知识解析】

在 Animate CC 2017 中创建和编辑图形时，有些面板的使用频率比较高，在优化作品的制作效果时发挥了较大的作用，如【对齐】面板和【变形】面板等。

3.5.1 使用【对齐】面板

【对齐】面板为用户提供了多种排列图形对象的选项，通过这些选项能够方便、快捷地设置对象之间的相对位置，如对齐、平分间距及调整图形的长、宽比例等。

1．参数设置

选择菜单命令【窗口】/【对齐】，调出【对齐】面板，如图 3-100 所示。面板中各选项的功能如下。

（1）【对齐】栏

◎ ：设置选取对象基于左端对齐。

◎ ：设置选取对象沿垂直线中对齐。

◎ ：设置选取对象基于右端对齐。

◎ ：设置选取对象基于上端对齐。

◎ ：设置选取对象沿水平线中对齐。

◎ ：设置选取对象基于下端对齐。

图 3-100　【对齐】面板

（2）【分布】栏

◎ ：设置选取对象在横向上上端间距相等。

◎ ：设置选取对象在横向上中心间距相等。

◎ ：设置选取对象在横向上下端间距相等。

◎ ：设置选取对象在纵向上左端间距相等。

◎ ：设置选取对象在纵向上中心间距相等。

◎ ：设置选取对象在纵向上右端间距相等。

（3）【匹配大小】栏

◎ ：在水平方向上等尺寸变形，以所选对象中最长的或画面尺寸为基准。

◎ ：在垂直方向上等尺寸变形，以所选对象中最长的或画面尺寸为基准。

◎ ：在水平和垂直方向上同时等尺寸变形，以所选对象中最长的或画面尺寸为基准。

（4）【间隔】栏

◎ ：设置选取对象在纵向上间距相等。

◎ ：设置选取对象在横向上间距相等。

（5）【与舞台对齐】

以整个舞台范围为标准，在等距离调整时，先将对象的外边线吸附到画面的对应边缘后，再等分对象之间的距离。在尺寸匹配时，以对应边长为基准拉伸对象。不勾选此复选框时，则以选取对象所在区域为标准。

2．基础应用——使用【对齐】面板

下面结合操作介绍【对齐】面板的用法。

【操作要点】

步骤❶ 选择菜单命令【文件】/【导入】/【导入到舞台】，导入素材文件"素材\第 3 章\猫.jpg""素材\第 3 章\狗.jpg"和"素材\第 3 章\鸭.jpg"。

步骤❷ 在舞台中按照图 3-101 所示的位置排列位图。

步骤❸ 按住 Shift 键选择所有位图，在【对齐】面板【间隔】中单击【水平平均间隔】按钮，并勾选【与舞台对齐】复选框，使选取对象的横向间距相等，如图 3-102 所示。

图 3-101　排列位图　　　　　　　　　　　　　　　图 3-102　等分位图间距

步骤④　单击【顶对齐】按钮 ，使选取对象基于上端对齐，如图 3-103 所示。单击【垂直中齐】按钮 ，使位图沿水平线中对齐，如图 3-104 所示。

图 3-103　基于上端对齐位图　　　　　　　　　　　图 3-104　沿水平线中对齐位图

步骤⑤　单击【垂直居中分布】按钮 ，使位图在垂直方向上居中分布排列，垂直居中分布效果如图 3-105 所示。单击【匹配高度】按钮 ，以舞台高度为基准拉伸位图，匹配高度效果如图 3-106 所示。

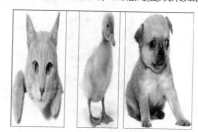

图 3-105　垂直居中分布效果　　　　　　　　　图 3-106　匹配高度效果

3.5.2　使用【变形】面板

　　使用【变形】面板可以对图形对象、组、文本块和实例等进行变形。根据所选元素的类型，可以进行任意变形、旋转、倾斜、缩放或扭曲等操作。在变形过程中，可以更改或添加内容。

【操作要点】

步骤①　选择【矩形】工具 ，在舞台中绘制一个矩形，如图 3-107 所示。

步骤②　选择菜单命令【窗口】/【变形】，打开【变形】面板，如图 3-108 所示。

步骤③　选择矩形，单击【约束】按钮 ，在其前面的两个文本框中输入"60.0"，按 Enter 键确认，矩形缩小后如图 3-109 左图所示。

图 3-107　绘制矩形

图 3-108　【变形】面板

步骤④ 单击【约束】按钮 🔗，在 ↕ 右侧的文本框中输入"120.0"，按 Enter 键确认，矩形拉伸后如图 3-110 左图所示。

图 3-109　缩小矩形

图 3-110　拉伸矩形

步骤⑤ 在【旋转】选项文本框中输入"30.0"，按 Enter 键确认，矩形旋转后如图 3-111 左图所示。

步骤⑥ 选中【倾斜】选项，在【水平倾斜】 文本框中输入"90.0"， 在【垂直倾斜】 🔲 文本框中输入"30.0"，按 Enter 键确认，矩形倾斜后如图 3-112 左图所示。

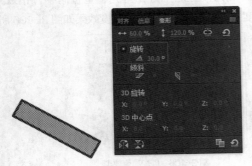

图 3-111　旋转矩形

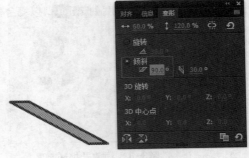

图 3-112　倾斜矩形

步骤⑦ 单击面板右下角的【取消变形】按钮 🔄，将矩形恢复到初始状态。

步骤⑧ 在【旋转】选项文本框中输入"30"，连续单击【重制选区和变形】按钮 🔲，旋转复制出图 3-113 左图所示的效果。

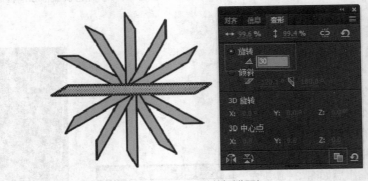

图 3-113　旋转复制矩形

3.6 综合应用——绘制"浪漫人生"

本例通过对一个场景的绘制来讲解 Animate CC 中常用绘图工具的使用方法和技巧，使读者了解 Animate CC 的绘图功能，最终设计效果如图 3-114 所示。

图 3-114　最终设计效果

【操作要点】

1. 绘制背景

步骤❶ 新建一个尺寸为"800 像素×600 像素"的 Animate（ActionScript 3.0）文档，其他属性使用默认参数。

步骤❷ 将默认"图层 1"重命名为"背景层"。

2. 绘制矩形

步骤❶ 选择【矩形】工具▭。

步骤❷ 选择菜单命令【窗口】/【颜色】，打开【颜色】面板，如图 3-115 所示。

步骤❸ 设置矩形的【笔触颜色】为"无"，【填充颜色】的类型为"线性渐变"。

步骤❹ 从左至右第 1 个色块的填充颜色为"#0099FF"，第 2 个色块的填充颜色为"#CCFFFF"，调整颜色后的【颜色】面板如图 3-116 所示。

图 3-115　【颜色】面板　　　图 3-116　调整颜色后的【颜色】面板

步骤❺ 拖动鼠标在舞台中绘制一个矩形。

步骤❻ 选中矩形，在【属性】面板中设置矩形的宽、高分别为"800.00""600.00"，位置坐标 X、

Y 分别为 "0.00" "0.00"，如图 3-117 所示，舞台效果如图 3-118 所示。

图 3-117　【属性】面板　　　　　　图 3-118　舞台效果

提示

选择菜单命令【窗口】/【属性】，打开【属性】面板，在【属性】面板中便可以设置对象的宽、高及位置坐标等。

3. 填充矩形

步骤❶ 选择【渐变变形】工具 ，然后选中舞台中的矩形，如图 3-119 所示。

步骤❷ 将颜色渐变顺时针旋转 90°，然后调整颜色渐变的中心，调整渐变方向后的渐变效果如图 3-120 所示。

图 3-119　选中舞台中的矩形　　　　图 3-120　调整渐变方向后的渐变效果

4. 绘制草地

步骤❶ 绘制和调整线条 1。

① 新建图层并重命名为"草地"。

② 选择【线条】工具 ，在【属性】面板中设置【笔触颜色】为"黑色"，【笔触高度】为"1.00"，其属性设置如图 3-121 所示。

③ 在舞台中绘制一条斜线，如图 3-122 所示。

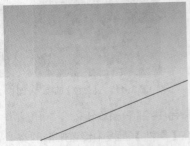

图 3-121　设置线条属性　　　　　　图 3-122　绘制斜线

④ 选择【选择】工具 ，将鼠标指针放置在线条的中心位置，当鼠标指针呈拖动状态 时，按住鼠标左键并向上拖动鼠标，将线条调整至图 3-123 所示的效果。

步骤② 绘制和调整线条 2。

① 选择【线条】工具 ，在舞台中绘制一条图 3-124 所示的斜线。

图 3-123 调整后的线条   图 3-124 第 2 次绘制斜线

② 选择【选择】工具 ，调整其形状如图 3-125 所示。

步骤③ 用同样的方法绘制和调整线条 3，线条最终效果如图 3-126 所示。

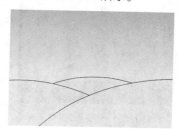

图 3-125 调整后的线条形状   图 3-126 线条最终效果

步骤④ 选择【线条】工具 ，封闭线条，如图 3-127 所示。

> 提示
>
> 连接时一定要使首尾连接紧密，如果有间隙，将会导致不能填充颜色。

5. 填充图形

步骤① 选择【颜料桶】工具 。

步骤② 打开【颜色】面板，调整其【填充颜色】的类型为"线性渐变"，第 1 个色块的填充颜色为"#EEF742"，第 2 个色块的填充颜色为"#99CC00"，如图 3-128 所示。

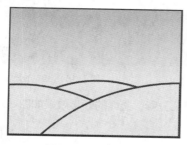

图 3-127 封闭线条   图 3-128 调整填充颜色

步骤③ 把鼠标指针移到舞台中，此时的鼠标指针将变为颜料桶形状 🖌，在封闭的线条框内依次单击填充颜色，如图 3-129 所示。

步骤④ 选择【渐变变形】工具 ▣，分别调整 3 块草地的渐变颜色如图 3-130、图 3-131 和图 3-132 所示。

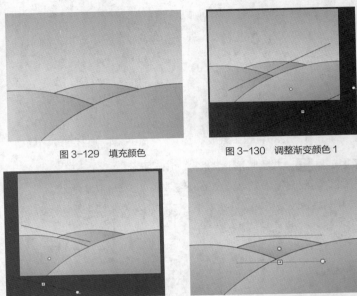

图 3-129　填充颜色　　　　　　　图 3-130　调整渐变颜色 1

图 3-131　调整渐变颜色 2　　　　　图 3-132　调整渐变颜色 3

步骤⑤ 选择【选择】工具 ⬚，单击选中黑色的线条，然后按 Delete 键将线条全部删除。

6. 绘制云彩

步骤① 绘制椭圆。

① 新建图层并重命名为"云彩"。

② 选择【椭圆】工具 ◯，在【属性】面板中设置其【笔触颜色】为"无"，【填充颜色】为"白色"。

③ 在舞台中绘制一个椭圆，如图 3-133 所示。

④ 在椭圆的周围绘制一些小的椭圆，使其看起来像空中的云彩，绘制的云彩如图 3-134 所示。

图 3-133　绘制椭圆　　　　　　　图 3-134　绘制的云彩

步骤② 利用同样的方法，在舞台中再绘制两朵云彩，最终的云彩效果如图 3-135 所示。

7. 绘制太阳

步骤① 新建图层并重命名为"太阳"。

步骤② 选择【椭圆】工具 ◯ 。

步骤③ 打开【颜色】面板，设置【笔触颜色】为"无"，【填充颜色】的类型为"径向渐变"。

步骤④ 设置第 1 个色块的填充颜色为"#FF0000"，第 2 个色块的填充颜色为"#FFCC33"，【颜色】面板的参数设置如图 3-136 所示。

图 3-135　最终的云彩效果　　　图 3-136　【颜色】面板的参数设置

步骤⑤ 按住 Shift 键的同时拖动鼠标，在舞台中绘制一个尺寸为"100 像素×100 像素"的圆形，如图 3-137 所示，其属性设置如图 3-138 所示。

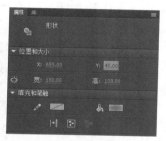

图 3-137　绘制太阳　　　　　图 3-138　"太阳"的属性设置

8. 导入素材

步骤① 导入图片 1。

① 新建图层并重命名为"植物"。

② 选择菜单命令【文件】/【导入】/【导入到舞台】，导入素材文件"素材\第 3 章\浪漫人生\植物.png"，其属性设置如图 3-139 所示。导入"植物"后的效果如图 3-140 所示。

图 3-139　"植物"的属性设置　　　图 3-140　导入"植物"后的效果

提示　　导入图片的方法与技巧将在第 4 章详细讲解，读者可参阅相关内容。

步骤② 导入图片 2。

① 新建图层并重命名为"家"。

② 选择菜单命令【文件】/【导入】/【导入到舞台】，导入素材文件"素材\第 3 章\浪漫人生\家.png"，其属性设置如图 3-141 所示。导入"家"后的效果如图 3-142 所示。

图 3-141　"家"的属性设置

图 3-142　导入"家"后的效果

步骤③ 导入图片 3。

① 新建图层并重命名为"人物"。

② 选择菜单命令【文件】/【导入】/【导入到舞台】，导入素材文件"素材\第 3 章\浪漫人生\人物.png"，其属性设置如图 3-143 所示。导入"人物"后的效果如图 3-144 所示。

图 3-143　"人物"的属性设置

图 3-144　导入"人物"后的效果

9.制作标题

步骤① 书写文字 1。

① 新建图层并重命名为"标题下"。

② 选择【文本】工具 T 。

③ 打开【属性】面板，在【系列】下拉列表中选择"华文行楷"、设置大小选项文本框为"60.0"磅、设置填充颜色为"#FFFFFF"。

④ 在舞台中输入文字"浪漫人生"，文字的属性设置如图 3-145 所示，舞台效果如图 3-146 所示。

图 3-145　文字的属性设置 1

图 3-146　舞台效果

步骤❷ 书写文字 2。

① 新建图层并重命名为"标题上"。

② 选择【文本】工具 T ，设置填充颜色为"#FF6600"。

③ 输入与上一步相同的文字，其属性设置如图 3-147 所示，最终舞台效果如图 3-148 所示。

图 3-147　文字的属性设置 2

图 3-148　最终舞台效果

10. 查看【时间轴】面板

案例最终的【时间轴】面板状态如图 3-149 所示。

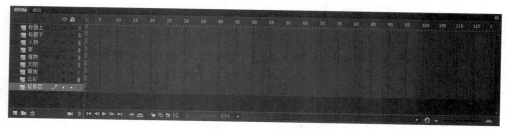

图 3-149　案例最终的【时间轴】面板状态

3.7　习题

1. 渐变色有哪些类型？如何设置？

2.【墨水瓶】工具与【颜料桶】工具在用途上有何不同？

3.【任意变形】工具与【渐变变形】工具在用途上有何不同？

4. 文本有哪些主要类型？各有何用途？

5.【对齐】面板上主要有哪些对齐方式？

04

第 4 章
使用素材

使用绘图工具和编辑工具绘制的素材可以被制作为元件多次使用，这样可以大大提高设计效率。同时，还可以将外部的素材文件导入场景，这些素材包括特定格式的音频和视频文件，能使最终创建的作品"音画并茂"。

学习目标

- ✔ 明确元件和库的概念。
- ✔ 明确元件的类型及其各类型元件的应用方法。
- ✔ 掌握将音频导入场景的基本方法。
- ✔ 掌握将视频导入场景的基本方法。

4.1 元件和库

【知识解析】

元件是 Animate CC 2017 动画制作中的重要概念，使用元件制作动画能大大提高设计效率、提升设计质量。

4.1.1 元件和库的概念

对于在文档中重复出现的元素，使用创建元件的方式管理是很好的做法。

1. 元件、库与实例

元件是指创建一次即可多次使用的元素，创建的元件将会存储在元件库中，库是容纳和管理元件的工具。将元件放在舞台上时，就会创建该元件的一个实例。

用户可以修改实例的属性而不影响到主元件，也可以通过编辑元件来更改所有实例。

> 形象地说，元件是动画的"演员"，实例是"演员"在舞台上扮演的"角色"，库是容纳"演员"的"房子"。图 4-1 所示的舞台上的图形，如"树""房子"都是元件，都存在于【库】面板中，如图 4-2 所示。

图 4-1 元件在舞台上的显示

图 4-2 库面板

元件只需创建一次就可以在当前文档或其他文档中重复使用，图 4-2 中的"树"和"房子"元件，在创建实例时可以根据需要调整其大小和位置。

2. 使用元件的优点

使用元件进行设计主要有以下优点。

① 可以简化动画的编辑过程。在动画编辑过程中，把多次使用的元素做成主元件，修改主元件后，应用于动画中的所有元件也将自动改变，大大节省了制作时间。

② 减小动画文件大小。重复的信息只被保存一次，而其他引用就只保存元件的地址，因此使用元件可以大大减小动画的文件大小。

③ 加快动画文件的运行速度。元件在浏览器上显示只需要下载一次，因此，可以加快动画文件的运行速度。

3. 元件的类型

元件主要有以下 3 种类型。

① 图形元件：适用于静态图像，也可以用于创建与主时间轴同步的、可重复使用的动画片段。图形元件的时间轴与主时间轴重叠。

> 如果图形元件包含 10 帧，那么在主时间轴中完整播放该元件的实例也需要 10 帧。在图形元件的动画序列中不能使用交互式对象和声音，即使使用了也没有作用。

② 按钮元件：可以创建响应弹起、指针经过、按下和点击的交互式按钮。

③ 影片剪辑元件：可以创建重复使用的动画片段。例如，影片剪辑元件有 10 帧，在主时间轴中只需要 1 帧即可，因为影片剪辑元件将使用它自己的时间轴。

4.1.2 创建图形元件

对于需要重复使用的静态图像，可以将其创建为图形元件。

> 与影片剪辑元件或按钮元件不同，用户不能为图形元件提供实例名称，也不能在动作脚本中引用图形元件。

【操作要点】

1. 创建元件

步骤① 在【属性】面板中设置舞台尺寸为"400 像素×300 像素"，如图 4-3 所示。

步骤② 选择菜单命令【插入】/【新建元件】，打开【创建新元件】对话框。

① 在【名称】文本框中输入名称"蝴蝶"。

② 在【类型】下拉列表中选择【图形】选项。【创建新元件】对话框参数设置如图 4-4 所示。

③ 单击 确定 按钮。

图 4-3　设置属性　　　　图 4-4　【创建新元件】对话框参数设置

步骤③ 选择菜单命令【文件】/【导入】/【导入到舞台】，导入素材文件"素材\第 4 章\蝴蝶 1.jpg"，在弹出的提示框中单击 否 按钮，导入图片效果如图 4-5 所示。

步骤④ 切换到【库】面板，可以看到创建的图形元件，如图 4-6 所示。

图 4-5　导入图片效果　　　　图 4-6　【库】面板

2. 使用元件创建实例

步骤① 此时出现两种编辑环境，一是编辑场景，二是编辑元件。在场景顶部可以切换这两种编辑环境，编辑场景如图 4-7 所示，编辑元件如图 4-8 所示。

图 4-7 编辑场景

图 4-8 编辑元件

步骤② 按照图 4-7 所示切换到编辑场景状态，在【库】面板中将新建的"蝴蝶"元件拖动到场景中，如图 4-9 所示。

提示

由于此时元件中仅包含一张图片，因此，在图 4-6 所示的【库】面板中拖动"蝴蝶"元件与拖动"蝴蝶 1.jpg"图片效果完全相同。

步骤③ 确保选中新创建的实例，在【属性】面板中按照图 4-10 所示设置元件大小和色彩效果，在设置大小时为了防止图形变形，可单击 按钮锁定长宽比（锁定后图标变为 ）。

图 4-9 将"蝴蝶"元件拖动到场景中

图 4-10 设置元件大小和色彩效果

3. 创建其他元件

步骤① 按照图 4-8 所示切换到编辑元件状态，继续导入素材文件"素材\第 4 章\蝴蝶 2.jpg"，在弹出的提示框中单击 否 按钮，适当调整图片位置，导入素材效果如图 4-11 所示。

步骤② 此时【库】面板中的"蝴蝶"元件中包含两张图片，如图 4-12 所示。

图 4-11 导入素材效果

图 4-12 【库】面板中的"蝴蝶"元件

步骤③ 切换到编辑场景状态，此时场景中的内容也自动更新，由一只蝴蝶变为两只蝴蝶。

步骤④ 将【库】面板中的"蝴蝶"元件拖动到场景中，适当调整对象的大小和位置，再创建一个元件实例，如图 4-13 所示。

步骤⑤ 分别将图片"蝴蝶 1.jpg"和图片"蝴蝶 2.jpg"拖到场景左下角和右上角，并适当调整对象的大小和位置，单独为元件中的图片创建实例，如图 4-14 所示。

图 4-13　创建实例 1

图 4-14　创建实例 2

4.1.3　创建按钮元件

按钮元件可以在影片中响应鼠标点击等交互式操作。创建按钮元件时，需要区分 4 种不同的状态：弹起、指针经过、按下和点击。用户可以在对应的帧中创建所需的图形或导入位图等，构建随鼠标状态变化的元件。

【操作要点】

1. 创建图形

步骤①　新建一个 ActionScript 3.0 文档。

步骤②　选择菜单命令【插入】/【新建元件】，打开【创建新元件】对话框。

① 在【名称】文本框中输入"按钮"。

② 在【类型】下拉列表中选择【按钮】选项，【创建新元件】对话框参数设置如图 4-15 所示。

③ 单击　确定　按钮。

步骤③　选择【椭圆】工具〇。

① 设置【笔触高度】为"2"。

② 设置适当的边线颜色和填充颜色。

③ 在舞台中绘制圆形，如图 4-16 所示。

步骤④　选择圆形，然后选择菜单命令【窗口】/【对齐】，打开【对齐】面板。

① 勾选【与舞台对齐】复选框，单击【水平中齐】按钮 。

② 单击【垂直中齐】按钮 ，使圆形相对舞台中心对齐，如图 4-17 所示。

图 4-15　【创建新元件】对话框参数设置

图 4-16　绘制圆形

图 4-17　相对舞台中心对齐

2. 编辑按钮弹起时的形状

步骤①　此时，时间轴上默认选中【弹起】状态，如图 4-18 所示。

步骤②　选中圆形的填充色块，然后选择菜单命令【窗口】/【颜色】，打开【颜色】面板，在面板中设置一种线性渐变色彩，如图 4-19 所示。填充效果如图 4-20 所示。

图 4-18　时间轴

图 4-19　设置线性渐变色彩

图 4-20　填充效果

步骤③ 选中绘制的圆形后，选择菜单命令【窗口】/【变形】，打开【变形】面板。

① 单击 按钮使之变为 状态，启用【约束】功能。

② 设置长宽比例为"80.0%"。

③ 在【旋转】选项的相应文本框中输入"180.0"。

④ 单击 按钮旋转复制出一个圆形，参数设置如图 4-21 所示，设计结果如图 4-22 所示。

步骤④ 在【时间轴】面板中选择【指针经过】状态帧，按 F6 键增加关键帧，如图 4-23 所示。

图 4-21　参数设置

图 4-22　设计结果

图 4-23　【时间轴】面板

步骤⑤ 选择当前帧中内部圆的填充色，在【颜色】面板中调整渐变色，如图 4-24 所示。

3. 编辑按钮按下时的形状

步骤① 在【时间轴】面板中选择【弹起】状态帧，选择菜单命令【编辑】/【时间轴】/【复制帧】。

步骤② 选择【按下】状态帧，选择菜单命令【编辑】/【时间轴】/【粘贴帧】，如图 4-25 所示。

4. 使用按钮

步骤① 在界面左上角单击 按钮，切换到场景中。

步骤② 从图 4-26 所示的【库】面板中将"按钮"元件拖放到舞台。

步骤③ 选择菜单命令【控制】/【启用简单按钮】，测试按钮效果，可以看到当鼠标指针经过按钮和单击按钮时，按钮内部圆圈中的渐变色发生变化。

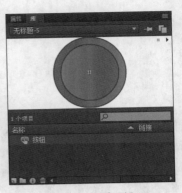

图 4-24　调整渐变色　　　　　图 4-25　粘贴帧　　　　　　　图 4-26　【库】面板

4.1.4　创建影片剪辑元件

使用影片剪辑元件能创建可重复使用的动画片段。影片剪辑元件具有独立于主影片时间轴播放的多帧时间轴，既可以将影片剪辑元件看作主影片内的小影片（可包含交互式控件、声音或其他影片剪辑实例），也可以将影片剪辑实例放在按钮元件的时间轴内，以创建动画按钮。

可以在其他影片剪辑元件和按钮元件内添加影片剪辑文件来创建嵌套的影片剪辑元件。还可以使用【属性】面板为影片剪辑实例分配实例名称，然后在动作脚本中引用该实例名称。

【操作要点】

1. 创建影片剪辑元件

步骤❶ 新建一个 ActionScript 3.0 文档。

步骤❷ 选择菜单命令【插入】/【新建元件】，弹出【创建新元件】对话框。

① 在【名称】文本框中输入"变形"。

② 在【类型】下拉列表中选择【影片剪辑】选项。【创建新元件】对话框参数设置如图 4-27 所示，单击 确定 按钮。

步骤❸ 使用【椭圆】工具在舞台中绘制一个圆形，如图 4-28 所示。

图 4-27　【创建新元件】对话框参数设置　　　　图 4-28　绘制圆形

步骤❹ 单击选中第 20 帧，按 F7 键创建一个空白关键帧，如图 4-29 所示。

步骤❺ 继续在第 20 帧处绘制一个矩形，如图 4-30 所示。

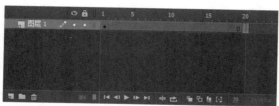

图 4-29　创建空白关键帧

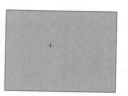

图 4-30　绘制矩形

步骤⑥ 在时间轴上 1~20 帧任意一帧处单击鼠标右键，在弹出的快捷菜单中选择【创建补间形状】命令创建补间形状动画。此时的时间轴如图 4-31 所示。

步骤⑦ 按 Enter 键查看动画效果，可以看到对象由圆变方的过程，如图 4-32 所示。

图 4-31　时间轴

图 4-32　对象渐变

2. 使用元件创建实例

步骤① 打开【库】面板，可以看到刚刚创建的影片剪辑元件，如图 4-33 所示。

步骤② 单击【编辑场景】按钮 切换到场景。

步骤③ 将【库】面板中的影片剪辑元件拖放 3 次到场景中，创建 3 个实例。

步骤④ 按 Ctrl+Enter 组合键测试影片，可以看到 3 个实例均产生了变形动画，如图 4-34 所示。

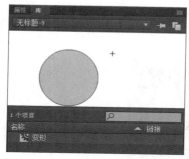

图 4-33　【库】面板

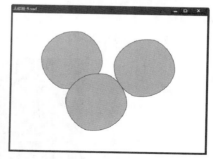

图 4-34　测试影片

4.2　导入音频

【知识解析】

音乐能为 Animate 动画增添律动感和艺术感染力。Animate CC 常用的音乐格式有 WAV、AIFF、MP3 等几种。

4.2.1　音频格式的选择

音频要占用大量的磁盘空间和内存，不同的音频格式文件所占的空间不同，选择合理的音频格式可以使动画所占的空间更小。MP3 音频数据经过压缩后，所占的空间比 WAV 或 AIFF 格式音频数据所占的空间小。MP3 格式的音频一般用于 MTV 的制作，而使用一些小段的音乐时，一般常用 WAV 格式的音频。

1. 导入音频的方法

选择菜单命令【文件】/【导入】/【导入到库】，打开【导入到库】对话框，选择要导入的音频文件，然后单击 打开(O) 按钮，音频直接被导入【库】面板，如图 4-35 所示。

选中时间轴上的某一帧，在【属性】面板中即可加入音频。在某一帧上插入音频文件后，对应时间轴上会显示出类似图 4-36 所示的音频波形，波形结束时，即表明音频播放结束。

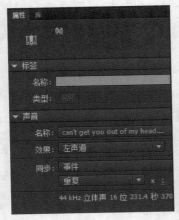

图 4-35　音频被导入【库】面板

图 4-36　显示波形

2. 声音属性的设置

Animate CC 2017 提供的【效果】属性选项如图 4-37 所示。

图 4-37　【效果】属性选项

在【效果】下拉列表中可以设置声音效果，各个选项的功能如表 4-1 所示。

表 4-1　　　　　　　　　　　　　　　　　　　　【效果】属性选项的功能

选项	功　能
无	不对声音文件应用效果，选择此选项将删除以前应用的效果
左声道、右声道	系统播放歌曲时，默认是左声道播放伴音，右声道播放歌词。所以，若插入一首 MP3 音乐，想仅仅播放伴音的话，就选择左声道；想保留清唱的话，就选择右声道

续表

选项	功　能
向右淡出、向左淡出	会将声音从一个声道切换到另一个声道
淡入、淡出	淡入就是音量由低开始，逐渐变高；淡出就是音量由高开始，逐渐变低
自定义	选择该选项，将打开【编辑封套】对话框，可以通过拖动滑块来调节声音的高低。最多可以添加 8 个滑块。窗口中显示的上下两个分区分别是左声道和右声道，波形远离中间位置时表明声音高，靠近中间位置时表明声音低

提示

在各种效果中常用的是淡入而淡出，可以通过设置 4 个滑块来完成。开始在最低点，逐渐升高，平稳运行一段时间后，在结尾处设到最低点。

Animate CC 2017 提供的【同步】属性选项如图 4-38 所示，各个选项的功能如表 4-2 所示（此处"声音"指预使用的音频）。

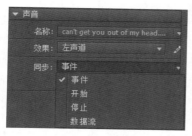

图 4-38 【同步】属性选项

表 4-2 　　　　　　　　　　　　　　　　　　　　　　　　【同步】属性选项的功能

选项	功　能
事件	将声音设置为事件，可以确保声音有效地播放完毕，不会因为帧已经播放完而使音效突然中断，选择该设置模式后声音会按照指定的重复播放次数一次不漏地全部播放完
开始	将声音设定为开始，每当影片循环一次时，声音就会重新开始播放一次。如果影片时长很短而声音时长很长，就会造成一个声音未完又开始另外一个声音，这样就使声音混合而使声音时长变混乱
停止	结束播放音频，可以强制开始和事件的声音停止
数据流	设置为数据流的时候，会迫使动画播放的进度与声音播放进度一致，如果遇到机器运行慢的情况，Animate 影片就会自动略过一些帧以配合声音的播放进度。一旦帧停止，声音就会停止，即使没有播放完，也会停止

提示

其中应用最多的是【事件】选项，它表示声音由加载的关键帧处开始播放，直到声音播放完或者被脚本命令中断。而【数据流】选项表示声音播放和动画同步，也就是说如果动画在某个关键帧上被停止播放，声音也随之停止。直到动画继续播放的时候声音才会从停止处开始继续播放，这种模式一般适用于制作 MTV。

4.2.2 基础训练——制作"音乐播放器"

本案例将利用 Animate CC 2017 的导入音频文件和打开外部库的功能来制作一个音乐播放器，其制作思路和效果如图 4-39 所示。

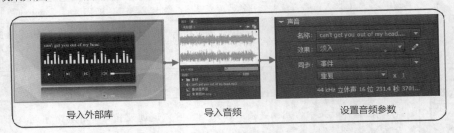

导入外部库　　　　　　　导入音频　　　　　　设置音频参数

图 4-39　制作思路和效果

【操作要点】

1. 导入外部库文件

步骤① 新建一个 ActionScript 3.0 文档，并设置文档宽为"550"，高为"300"，其他文档属性保持默认设置。

步骤② 选择菜单命令【文件】/【导入】/【打开外部库】，打开素材文件"素材\第 4 章\音乐播放器\音乐播放器.fla"，如图 4-40 所示。

步骤③ 选中"播放器界面"影片剪辑元件和"背景图片.png"图形文件，按 Ctrl+C 组合键进行复制操作。

步骤④ 选中【库】面板，按 Ctrl+V 组合键将其复制到本地【库】面板中，如图 4-41 所示。

图 4-40　打开外部库　　　　　　　图 4-41　本地【库】面板

当复制外部库中的某个元件到本地【库】面板中时，与该元件相关联的资源也会被复制到本地【库】面板中。

2. 导入音频文件

步骤① 选择菜单命令【文件】/【导入】/【导入库】，打开【导入到库】对话框，如图 4-42 所示。

步骤② 选择素材文件"素材\第 4 章\音乐播放器\can't get you out of my head.mp3",如图 4-43 所示。

图 4-42 【导入到库】对话框

图 4-43 选择音频文件

步骤③ 单击 打开(O) 按钮,将选择的音频文件导入【库】面板,【库】面板效果如图 4-44 所示。

3. 布置舞台

步骤① 新建并重命名图层,然后创建图 4-45 所示的图层。

图 4-44 【库】面板效果

图 4-45 新建图层

步骤② 将当前【库】面板中的"背景图片.png"拖入"背景"图层,并按照图 4-46 所示设置其属性。

步骤③ 将当前【库】面板中的"播放器界面"元件拖入"播放器"图层,并按照图 4-47 所示设置其属性。

图 4-46 设置图片属性

图 4-47 设置播放器界面属性

4. 把音频文件加入动画中

步骤① 选择"音频"层的第 1 帧，在【属性】面板的【声音】/【名称】下拉列表中选择刚才导入的音频文件，如图 4-48 所示。

步骤② 在【效果】下拉列表中选择【淡入】选项，在【同步】下拉列表中选择【事件】选项，如图 4-49 所示。

图 4-48　选择导入的音频文件

图 4-49　设置音频属性

步骤③ 按 Ctrl+Enter 组合键保存测试影片，完成动画的制作。

4.3　导入视频

【知识解析】

Animate CC 2017 对导入的视频的格式有严格的限制，只能导入"FLV"格式的视频。"FLV"视频格式是目前网页视频的主要格式。

4.3.1　导入视频的方法

【操作要点】

按照以下步骤在 Animate CC 2017 中导入"FLV"格式的视频。

步骤① 选择菜单命令【文件】/【导入】/【导入视频】，打开【导入视频】对话框。

步骤② 选中【在 SWF 中嵌入 FLV 并在时间轴中播放】选项。

步骤③ 单击 浏览… 按钮打开【打开】对话框导入视频文件。导入视频设置如图 4-50 所示。

步骤④ 单击 下一步> 按钮进入【嵌入】设置界面。设置【符号类型】为"嵌入的视频"，其他参数保持默认。导入视频设置如图 4-51 所示。

步骤⑤ 单击 下一步> 按钮进入【完成视频导入】设置界面，单击 完成 按钮完成视频导入。

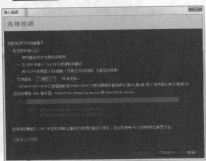

图 4-50　导入视频设置 1

图 4-51　导入视频设置 2

【符号类型】参数的设置对视频导入后的存在形式有非常大的影响，具体含义如表 4-3 所示，用户可以根据具体需要进行选择。

表 4-3 　　　　　　　　　　　　　　　　　【符号类型】参数含义

类型	含义
嵌入的视频	将视频导入当前的时间轴
影片剪辑	系统自动新建一个影片剪辑元件，将视频导入该影片剪辑元件内部的帧上
图形	系统自动新建一个图形元件，将视频导入该图形元件内部的帧上

4.3.2　基础训练——制作"液晶电视"

本案例将利用 Animate CC 2017 导入视频文件的功能来制作一个"液晶电视"的效果，动画演示的是一小段影片在"液晶电视"上播放的效果，其制作思路和效果如图 4-52 所示。

图 4-52　制作思路和效果

【操作要点】

1. 导入背景

步骤❶ 新建一个 ActionScript 3.0 文档。

步骤❷ 设置文档尺寸为"550 像素×380 像素"，【FPS】（帧频）为"20.00"，其他文档属性使用默认参数，如图 4-53 所示。

① 将"图层 1"重命名为"电视"。

② 选择菜单命令【文件】/【导入】/【导入到舞台】，导入素材文件"素材\第 4 章\液晶电视\电视.png"。

③ 按照图 4-54 所示设置图片相对舞台居中对齐，导入背景效果如图 4-55 所示。

图 4-53　设置文档属性　　　　　图 4-54　设置图片相对舞台居中对齐　　　　　图 4-55　导入背景效果

2．制作开场特效

步骤❶ 单击【新建图层】按钮 新建一个图层并重命名为"开场特效"。

步骤❷ 分别选中"电视"图层和"开场特效"图层的第 16 帧，按 F5 键插入帧，此时的时间轴状态如图 4-56 所示。

步骤❸ 选中"开场特效"图层的第 1 帧，然后选择【矩形】工具 。

　① 在【属性】面板中设置其【笔触颜色】为"无"。

　② 设置【填充颜色】为"黑色"。

　③ 在舞台上绘制一个矩形。

　④ 设置其宽、高分别为"370.00""215.00"。

　⑤ 位置坐标 X、Y 分别为"88.00""45.50"，参数设置如图 5-57 所示。

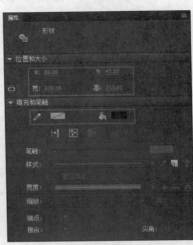

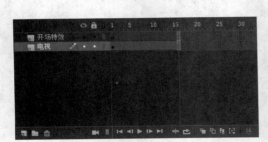

图 4-56　时间轴状态 1　　　　　　　　　　图 4-57　参数设置

步骤❹ 选中"开场特效"图层的第 8 帧，按 F6 键插入一个关键帧，然后调整矩形的【填充颜色】为"白色"，如图 4-58 所示。

步骤❺ 选中"开场特效"图层的第 16 帧，按 F6 键插入一个关键帧，然后调整矩形的【填充颜色】的【Alpha】值为"0%"，如图 4-59 所示。

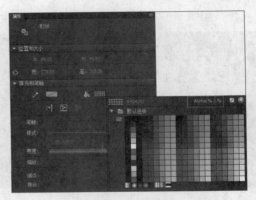

图 4-58　调整矩形的【填充颜色】为白色　　　图 4-59　设置【填充颜色】的【Alpha】值

步骤⑥ 选中"开场特效"图层的第 1 帧~第 7 帧中的任意一帧，然后选择菜单命令【插入】/【补间形状】，从而为第 1 帧~第 8 帧创建补间形状动画。

步骤⑦ 用同样的方法为"开场特效"图层的第 8 帧~第 16 帧创建补间形状动画，此时的时间轴状态如图 4-60 所示。

步骤⑧ 在"开场特效"图层之上新建一个图层并重命名为"影视文件"，然后选中第 8 帧，按 F7 键，插入一个空白关键帧。

步骤⑨ 确认"影视文件"图层的第 8 帧处于选中状态，选择菜单命令【文件】/【导入】/【导入视频】，打开【导入视频】对话框，如图 4-61 所示。

步骤⑩ 单击 浏览… 按钮打开【打开】对话框，导入素材文件"素材\第 4 章\液晶电视\自然之美.flv"。

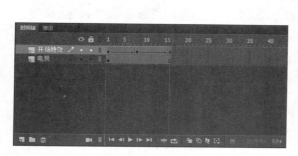

图 4-60 时间轴状态 2

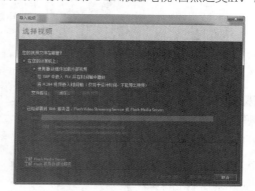

图 4-61 【导入视频】对话框

步骤⑪ 在【导入视频】对话框中选择【在 SWF 中嵌入 FLV 并在时间轴中播放】选项，如图 4-62 所示。

步骤⑫ 单击 下一步 > 按钮，打开【嵌入】界面，在【符号类型】下拉列表中选择【嵌入的视频】选项，如图 4-63 所示。

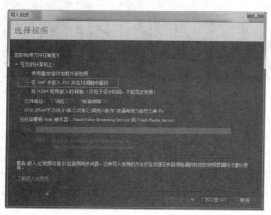

图 4-62 选择【在 SWF 中嵌入 FLV 并在时间轴中播放】选项

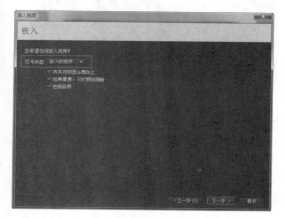

图 4-63 选择【嵌入的视频】选项

步骤⑬ 单击 下一步 > 按钮，打开【完成视频导入】面板，如图 4-64 所示。

步骤⑭ 单击 完成 按钮，Animate CC 2017 将开始按照先前的设置导入视频，完成后视频将导入舞台，并在【库】面板中显示导入的视频，如图 4-65 所示。

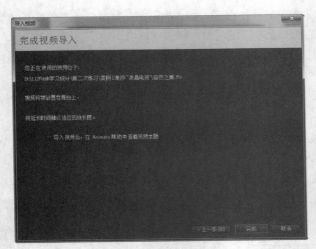

图 4-64　打开【完成视频导入】面板

图 4-65　在【库】面板中显示导入的视频

步骤 ⑮ 选中舞台中的视频，在【属性】面板中设置其属性，如图 4-66 所示。

步骤 ⑯ 分别选中"电视"图层和"开场特效"图层的第 386 帧，按 F5 键插入帧，时间轴状态如图 4-67 所示。

图 4-66　在【属性】面板中设置属性

图 4-67　时间轴状态

步骤 ⑰ 保存测试影片，完成动画的制作。

4.4　综合应用——制作"户外广告"

　　随着广告的发展，在路边、山间、田野随处可见户外广告的身影。本案例将通过导入图片和音频来模拟一个户外广告的效果，从而带领读者学习导入图片和音频的方法，制作思路和效果如图 4-68 所示。

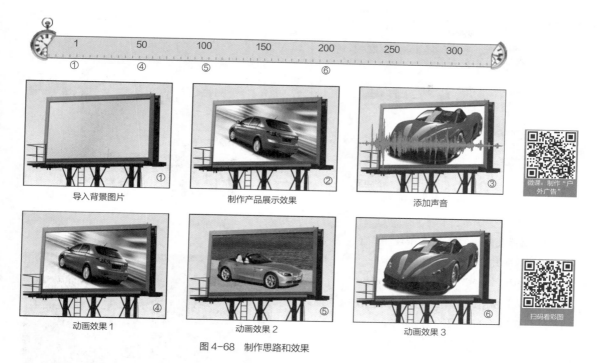

导入背景图片 ①　　　制作产品展示效果 ②　　　添加声音 ③

动画效果 1 ④　　　动画效果 2 ⑤　　　动画效果 3 ⑥

图 4-68　制作思路和效果

【操作要点】

1. 设置场景

步骤❶ 新建一个 ActionScript 3.0 文档。

步骤❷ 设置文档宽为"604"，高为"409"，文档其他属性使用默认参数，如图 4-69 所示。

步骤❸ 单击【新建图层】按钮 ，新建并重命名图层，如图 4-70 所示。

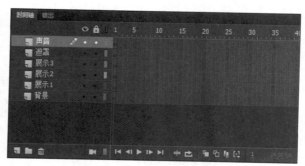

图 4-69　设置文档参数　　　　　　　　图 4-70　新建并重命名图层

2. 导入背景图片

步骤❶ 选中"背景"图层的第 1 帧。

步骤❷ 选择菜单命令【文件】/【导入】/【导入到舞台】，打开【导入】对话框。

步骤 ③ 导入素材文件"素材\第 4 章\户外广告\图片\户外广告.png"，如图 4-71 所示。

图 4-71　导入背景图片

3. 制作展示图片 1 的显示效果

步骤 ① 添加帧，如图 4-72 所示。

① 选中"背景"图层的第 240 帧。

② 按住 Shift 键单击选中"声音"图层的第 240 帧，即可选中所有图层的第 240 帧。

③ 按 F5 键插入一个普通的帧。

步骤 ② 导入素材。

① 选中"展示 1"图层的第 1 帧。

② 导入素材文件"素材\第 4 章\户外广告\图片\跑动的汽车.bmp"到舞台。

图 4-72　添加帧

步骤 ③ 设置属性，如图 4-73 所示。

① 在【属性】面板的【位置和大小】参数组中设置图片宽为"440.00"、高"308.00"。

② 设置位置坐标 X、Y 分别为"80.00""30.00"。

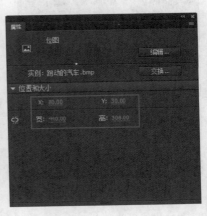

图 4-73　设置属性

步骤 ④ 将图片转换为图形元件，如图 4-74 所示。

① 单击选中场景中的汽车图片。

② 按 F8 键打开【转换为元件】对话框。

③ 设置元件的【类型】为"图形"，【名称】为"跑动的汽车"。

④ 单击 **确定** 按钮将图片转换为图形元件。

提示

图片是不能直接用于制作动画的，需要将图片转换为元件才能制作各种动画效果。

步骤⑤ 插入帧。

① 选中"展示 1"图层的第 15 帧，按 F6 键插入一个关键帧。

② 用同样的方法分别在第 65 帧和第 80 帧处插入一个关键帧。

步骤⑥ 设置【Alpha】值，如图 4-75 所示。

① 单击选中第 1 帧处的元件，选中场景中的汽车元件，在【属性】面板的【色彩效果】参数组中设置【Alpha】值为"0%"。

② 用同样的方法设置第 80 帧处元件的【Alpha】值为"0%"。

图 4-74 将图片转换为图形元件

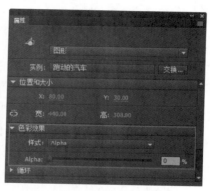

图 4-75 设置【Alpha】值

步骤⑦ 创建补间动画。

① 在第 1 帧～第 15 帧上任意位置单击鼠标右键，在弹出的快捷菜单中选择【创建传统补间】命令，如图 4-76 所示。

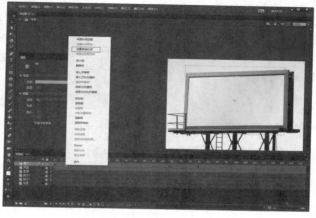

图 4-76 选择【创建传统补间】命令

② 用同样的方法在第 65 帧 ~ 第 80 帧创建传统补间动画，设计效果如图 4-77 所示。

图 4-77 设计效果 1

提示　在选择某一帧上的元件时有两种方法：一是选中该帧，然后在舞台上单击选中对应的元件；二是选中该帧，然后按 V 键即可选中帧上的元件。关于补间动画的详细创建方法将在后文中详细介绍。

4. 制作展示图片 2 的显示效果

步骤① 选中"展示 2"图层的第 80 帧，按 F6 键插入一个关键帧。

步骤② 选择菜单命令【文件】/【导入】/【导入到舞台】，打开【导入】对话框，导入素材文件"素材\第 4 章\户外广告\图片\海边汽车.png"到舞台，如图 4-78 所示。

步骤③ 设置图片属性，如图 4-79 所示。

① 选中图片，在【属性】面板的【位置和大小】参数组中设置图片宽度为"440.00"，高度为"299.40"。

② 设置位置坐标 X、Y 分别为"80.00""15.00"。

图 4-78 导入图片

图 4-79 设置图片属性 1

步骤④ 按 F8 键，将图片转换为名为"海边汽车"的图形元件。

步骤⑤ 在"展示 2"图层的第 95 帧、第 145 帧和第 160 帧处插入关键帧。

步骤⑥ 分别设置第 80 帧和第 160 帧处元件的【Alpha】值为"0%"。

步骤⑦ 分别在第 80 帧 ~ 第 95 帧和第 145 帧 ~ 第 160 帧创建传统补间动画。设计效果如图 4-80 所示。

图 4-80　设计效果 2

5. 制作展示图片 3 的显示效果

步骤① 选中"展示 3"图层的第 160 帧，按 F6 键插入一个关键帧。

步骤② 导入素材文件"素材\第 4 章\户外广告\图片\红色汽车.jpg"到舞台，如图 4-81 所示。

步骤③ 设置图片属性，如图 4-82 所示。

① 选中图片，在【属性】面板的【位置和大小】参数组中设置图片的宽为"440.00"、高为"330.00"。

② 设置位置坐标 X、Y 分别为"91.00""-2.00"。

图 4-81　导入图片　　　　　　　　图 4-82　设置图片属性 2

步骤④ 按 F8 键，将图片转换为名为"红色汽车"的图形元件。

步骤⑤ 分别在"展示 3"图层的第 175 帧、第 225 帧和第 240 帧处按 F6 键插入关键帧。

步骤⑥ 分别设置第 160 帧和第 240 帧处元件的【Alpha】值为"0%"。

步骤⑦ 分别在第 160 帧～第 175 帧和第 225 帧～第 240 帧创建传统补间动画。设计效果如图 4-83 所示。

图 4-83　设计效果 3

6.制作遮罩

步骤❶ 选择"遮罩"图层的第 1 帧。

步骤❷ 按 R 键启用【矩形】工具，如图 4-84 所示。

① 设置【笔触颜色】为"无"。

② 设置【填充颜色】为"#00CBFF"。

③ 在舞台上绘制一个矩形。

步骤❸ 使用【部分选取】工具  调整矩形大小使其填充整个广告牌的显示屏幕，如图 4-85 所示。

图 4-84　设置【笔触颜色】

图 4-85　调整矩形大小

步骤❹ 将图层转换为遮罩层。

① 在"遮罩"图层上单击鼠标右键，在弹出的快捷菜单中选择【遮罩层】命令，将"遮罩"图层转换为遮罩层，如图 4-86 所示。

 提示

将"遮罩"图层转换为遮罩层后，"展示 3"图层会自动转换为被遮罩层，可以将"展示 1"图层和"展示 2"图层拖到"展示 3"图层下方，软件会自动识别并将其转换为被遮罩层。

② 将"展示 1"图层、"展示 2"图层和"展示 3"图层转换为被遮罩层，如图 4-87 所示。

图 4-86　选择【遮罩层】命令

图 4-87　将图层转换为被遮罩层

7. 添加声音

步骤① 选择"声音"图层,选择菜单命令【文件】/【导入】/【导入到库】,打开【导入到库】对话框。

步骤② 双击导入素材文件"素材\第 4 章\户外广告\声音\bgsound.mp3",如图 4-88 所示。

步骤③ 选中"声音"图层的第 1 帧。

步骤④ 在【属性】面板的【声音】参数组中设置【名称】为"bgsound.mp3",设置【同步】为"数据流"和"重复",如图 4-89 所示。

图 4-88　导入素材文件

图 4-89　设置声音属性

步骤⑤ 按 Ctrl+S 组合键保存影片文件,案例制作完成。

4.5　习题

1. 什么是元件,它有什么用途?

2. 什么是库,它有什么用途?

3. 什么是元件的实例?使用元件进行设计有什么优势?

4. 在 Animate CC 2017 中可以导入哪些常用格式的音频文件?

5. 在 Animate CC 2017 中如何导入视频文件?

05

第5章
制作逐帧动画

逐帧动画（Frame By Frame）是一种基础的动画类型。逐帧动
画的制作原理与电影播放原理类似，适合表现细腻的动画情
节。合理运用逐帧动画的设计技巧，可以制作出生动的作品。

学习目标

- ✔ 掌握逐帧动画制作原理。
- ✔ 掌握对帧的各种操作。
- ✔ 掌握制作逐帧动画的方法。
- ✔ 进一步熟悉元件在动画制作中的用途。

5.1 逐帧动画制作原理

【知识解析】

逐帧动画的制作原理是逐一创建出每一帧上的动画内容，然后按顺序播放各帧上的动画内容，从而实现连续的动画效果。

5.1.1 动画制作工具介绍

随着时间的推移，物体发生的位置变化和外观变化都可以记录为动画，其本质是将真实生活中的片段模仿出来。在 Animate CC 2017 中创建动画的手段丰富多样。

1. 时间轴

【时间轴】面板位于工作区下方，其底部显示时间轴的状态，如图 5-1 所示。所有图层都排列在【时间轴】面板左侧，每个图层排列一行，每一个图层都由帧组成。

（1）组成要素

【时间轴】面板上部分组成要素的功能如下。

◎ 播放头：播放动画时用于指示当前在舞台上显示的帧。

◎ 帧标尺：其上显示帧编号。

◎ 当前帧：显示当前选中的帧编号。

◎ 运行时间：动画当前运行的时间。

◎ 水平调整：在水平方向上调整帧的显示范围，拖动滑块右移可以显示编号更大的帧。

◎ 缩放显示：调整在当前范围内显示帧的疏密程度，向右拖动滑块，显示的帧数越少，帧与帧之间的间距越大；向左拖动滑块，显示的帧数越多，帧与帧之间的间距越小。

◎ ▣（帧居中）：单击该按钮可使播放头所处位置在【时间轴】面板中居中显示，用于调整显示帧的范围。

◎ ▣（循环）：创建循环动画。

◎ ▣（绘图纸外观）：单击该按钮后，在帧标尺上会显示绘图纸轮廓▣，表明在这一范围内帧中的对象同时在舞台上显示。

◎ ▣（绘图纸外观轮廓）：单击该按钮后，绘图纸轮廓显示范围内出现的对象可以同时被编辑，不管其是否为当前帧。

◎ ▣（修改标记）：单击该按钮后，将弹出一个下拉列表，其中各选项的含义如下。

【总是显示标记】：不管是否单击▣按钮，均随播放头显示绘图纸轮廓。

【锚定标记】：在当前位置锁定显示绘图纸轮廓，与播放头位置移动无关。

【绘图范围 2】：以当前帧位置为准，左右加 2 帧显示绘图纸轮廓。

【绘图范围 5】：以当前帧位置为准，左右加 5 帧显示绘图纸轮廓。

【绘制所有范围】：以当前帧位置为准，左右所有的帧显示绘图纸轮廓。

（2）显示设置

在【时间轴】面板中单击右上方的▣按钮，弹出图 5-2 所示的帧视图设置菜单，用于改变【时间轴】面板的显示状态。其中主要选项的含义如下。

◎【很小】：以很小的方格形式显示每一帧，这样【时间轴】面板中可显示更多的帧。

◎【小】：以较小的方格形式显示每一帧。

◎【一般】：以标准方格形式显示每一帧，这是默认选择。

◎【中】：以中等大小的方格形式显示每一帧。

◎【大】：以较大的方格形式显示每一帧。

◎【预览】：在方格中最大限度地显示每一帧动画对象的缩略图示。

◎【关联预览】：与【预览】类似，但显示对象保持与舞台大小对应的比例。

◎【较短】：缩短方格的高度，使更多的图层被显示出来。

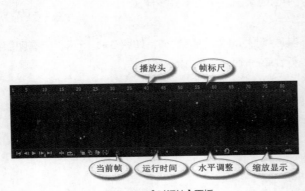

图 5-1　【时间轴】面板

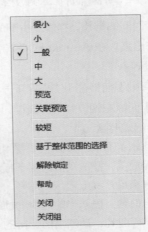

图 5-2　帧视图设置菜单

2. 帧的类型

在 Animate CC 2017 中可将帧分为关键帧和普通帧两种类型。

（1）关键帧

关键帧是描绘动画关键状态的帧。通过关键帧，决定动画对象在运动过程中的关键状态，中间帧的动画效果就会由计算机动画软件自动计算得出。

一个动画中至少要有两个关键帧，动画越复杂，关键帧就越多。逐帧动画的每一帧都可以看成是关键帧。对关键帧的处理实际上是动画制作的关键。

要掌握有关关键帧的原理，需记住以下 4 点内容。

◎ 定义：用来存储用户对动画的对象属性所做的更改或者 ActionScript 代码。

◎ 显示：单个关键帧在时间轴上用一个黑色圆点▪表示。

◎ 补间动画：关键帧之间可以创建补间动画，从而生成流畅的动画。

◎ 空白关键帧：不包含任何对象的关键帧为空白关键帧，显示为一个空心圆点○。

（2）普通帧

普通帧是指内容没有变化的帧，通常用于延长动画的播放时间，普通帧的最后一帧中显示为一个中空矩形。

空白关键帧后面的普通帧显示为白色，关键帧后面的普通帧显示为浅灰色。

可在时间轴上设置不同的帧，其显示的图标不相同，帧的类型、特点、图示如表 5-1 所示。

表 5-1　　　　　　　　　　　　　　　　帧的类型、特点、图示

类型	特点	在时间轴上的图示
空白帧	其中不包含任何对象（如图形、音频等），相当于一张空白影片	
关键帧	其中的内容可以被编辑的帧，使用黑色实心圆点表示	
空白关键帧	不包含内容的关键帧，用空心圆点表示。新建一个图层时会自动创建一个空白关键帧	
普通帧	关键帧之后灰色背景的帧，与关键帧保持相同的内容，用于延长播放时间，结束时的那一帧用黑色方框表示	
动作渐变帧	在两帧之间创建动作渐变后中间的过渡帧，用颜色填充加箭头表示	
形状渐变帧	在两帧之间创建形状渐变后中间的过渡帧，用颜色填充加箭头表示	
不可渐变帧	在两帧之间创建动作或形状变化不成功，用颜色填充加虚线表示	

3. 帧的操作

对帧进行操作主要可通过菜单命令、快捷菜单和键盘快捷键 3 种方式。

在【时间轴】面板中可以插入、选择、移动和删除帧，也可以剪切、复制和粘贴帧，还可以将其他帧转化成关键帧。对于多层动画来说，还可以在不同的图层中移动帧。

【操作要点】

（1）插入帧

步骤❶ 单击选中任意帧，在【插入】主菜单中选择【时间轴】，按照图 5-3 所示可以插入【帧】【关键帧】【空白关键帧】。

步骤❷ 在任意帧上单击鼠标右键，在弹出的快捷菜单中选择相应的命令，如图 5-4 所示。

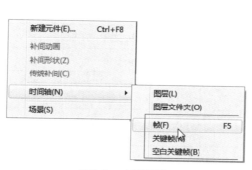

图 5-3　主菜单操作　　　　　　　　　图 5-4　快捷菜单操作

（2）选择帧

步骤① 用鼠标左键单击所要选择的帧。

步骤② 按 Ctrl+Alt 组合键的同时分别单击所要选择的帧，可以选择多个不连续的帧。

步骤③ 按 Shift 键的同时分别单击所要选择的两帧，其间的所有帧均被选择。

步骤④ 用鼠标左键单击所要选择的帧，并按住鼠标左键继续拖动，其间的所有帧均被选择。

步骤⑤ 拖动鼠标可以选中一组连续的帧。

步骤⑥ 选择菜单命令【编辑】/【时间轴】/【选择所有帧】，可选择所有帧（空白帧除外）。

（3）移动帧

步骤① 选择一帧或多个帧，当鼠标指针变为 时将其拖动到新位置。如果拖动时按住 Alt 键，则会在新位置复制出所选的帧。

步骤② 选择一帧或多个帧，选择菜单命令【编辑】/【时间轴】/【剪切帧】，剪切所选帧。然后单击所要放置帧的位置，选择菜单命令【编辑】/【时间轴】/【粘贴帧】，粘贴所选的帧。

常用的帧操作命令的快捷键和功能说明如表 5-2 所示。

表 5-2　　　　　　　　　　　　　　**常用的帧操作命令的快捷键和功能说明**

命令	快捷键	功能说明
创建补间动画		在当前选择的帧的关键帧之间创建动作补间动画
创建补间形状		在当前选择的帧的关键帧之间创建形状补间动画
插入帧	F5	在当前位置插入一个普通帧，此帧将延续上一帧的内容
删除帧	Shift+F5	删除所选择的帧
插入关键帧	F6	在当前位置插入关键帧并将前一关键帧的作用时间延长到该帧之前
插入空白关键帧	F7	在当前位置插入一个空白关键帧
清除关键帧	Shift+F6	清除当前选择的关键帧，使其变为普通帧
转换为关键帧		将当前选择的普通帧转换为关键帧
转换为空白关键帧		将当前选择的帧转换为空白关键帧
剪切帧	Ctrl+Alt+X	剪切当前选择的帧
复制帧	Ctrl+Alt+C	复制当前选择的帧
粘贴帧	Ctrl+Alt+V	将剪切或复制的帧粘贴到当前位置
清除帧	Alt+Backspace	清除当前选择的关键帧中的内容
选择所有帧	Ctrl+Alt+A	选择时间轴中的所有帧
翻转帧		将当前选择的帧翻转，只有在选择了两个或两个以上的关键帧时该命令才有效
同步元件		如果所选帧中包含图形元件实例，那么执行此命令将确保在制作动作补间动画时图形元件的帧数与动作补间动画的帧数同步
动作	F9	为当前选择的帧添加 ActionScript 代码

提示

删除帧操作时，将删除选定帧及其中的内容，整个动画帧数量会减少；清除帧只清除选定帧中的内容，整个动画帧数量并不会减少。

（4）逐帧动画的制作原理

逐帧动画利用人的视觉暂留原理，通过快速播放连续的、具有一定细微差别的图像使原来静止的图形运动起来，如图 5-5 所示。

要创建逐帧动画，需要将动画的每一帧均定义为关键帧，然后为每一帧创建图像，其基本思想是把一系列相差甚微的图形或文字放置到一系列关键帧中。

图 5-5　逐帧动画制作原理

（5）逐帧动画的特点

逐帧动画的最大的不足是制作过程复杂，在制作大型动画时效率低下，并且逐帧动画所占的空间远远多于渐变动画。

由于逐帧动画的每一帧都是独立制作的，因此可以创建出许多用渐变动画手段难以实现的动画，其动画表现力更加丰富。

逐帧动画具有非常高的设计灵活性，几乎可以表现任何需要表现的内容，很适合表现细致的动作和表情等。因此，很多优秀的动画设计作品常会用到逐帧动画。

（6）制作逐帧动画的方法

制作逐帧动画主要有以下 3 种方法。

① 从外部导入素材生成逐帧动画，如导入静态的图片、序列图像和 GIF 动态图片等。

② 使用数字或者文字制作逐帧动画，如实现文字跳跃或旋转等特效动画。

③ 绘制矢量逐帧动画，即使用各种制作工具在场景中绘制连续变化的矢量图形，从而形成逐帧动画。

5.1.2　基础训练——制作"川剧变脸"

逐帧动画的原理比较简单，本例使用逐帧动画来模拟"川剧变脸"的动画效果，其制作思路和效果如图 5-6 所示。

图 5-6　制作思路和效果

【操作要点】

1. 制作背景

步骤❶ 新建一个 ActionScript 3.0 文档，设置文档【FPS】（帧频）为"1.00"，其他文档属性使用默认参数，如图 5-7 所示。

步骤❷ 将默认的"图层 1"重命名为"背景"。

步骤❸ 选择菜单命令【文件】/【导入】/【导入到舞台】，导入素材文件"素材\第 5 章\川剧变脸\背景图片.png"，舞台背景效果如图 5-8 所示。

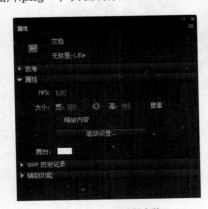

图 5-7　设置文档参数

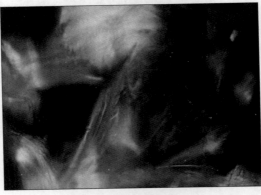

图 5-8　舞台背景效果

2. 制作变脸动画

步骤❶ 在"背景"图层之上新建一个图层并重命名为"变脸效果"。

步骤❷ 选中"背景"图层的第 5 帧，按 F5 键插入帧，时间轴状态如图 5-9 所示。

步骤❸ 导入图片 1。

① 选中"变脸效果"图层的第 1 帧。

② 选择菜单命令【文件】/【导入】/【导入到舞台】，导入素材文件"素材\第 5 章\川剧变脸\脸谱\脸谱 01.png"。

③ 调整图片位置使其相对舞台居中对齐，第 1 帧的舞台效果如图 5-10 所示。

步骤❹ 导入图片 2。

① 选中"变脸效果"图层的第 2 帧。

② 按 F7 键插入一个空白关键帧。

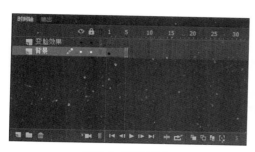

图 5-9　时间轴状态

图 5-10　第 1 帧的舞台效果

③ 选择菜单命令【文件】/【导入】/【导入到舞台】，导入素材文件"素材\第 5 章\川剧变脸\脸谱\脸谱 02.png"。

④ 调整图片位置使其相对舞台居中对齐，第 2 帧的舞台效果如图 5-11 所示。

步骤⑤ 导入图片 3、图片 4 和图片 5。

① 为"变脸效果"图层的第 3 帧导入图像"脸谱 03"，第 3 帧的舞台效果如图 5-12 所示。

图 5-11　第 2 帧的舞台效果

图 5-12　第 3 帧的舞台效果

② 为"变脸效果"图层的第 4 帧导入图像"脸谱 04"，第 4 帧的舞台效果如图 5-13 所示。

③ 为"变脸效果"图层的第 5 帧导入图像"脸谱 05"，第 5 帧的舞台效果如图 5-14 所示。

图 5-13　第 4 帧的舞台效果

图 5-14　第 5 帧的舞台效果

④ 最终的时间轴状态如图 5-15 所示，可以看到每一帧均为关键帧。

图 5-15　最终的时间轴状态

3. 制作文字逐帧动画

步骤① 新建图层。

① 在"变脸效果"图层上新建一个图层。

② 将图层重命名为"文字效果"。

③ 选中"文字效果"图层的第 2 帧，按 F7 键插入一个空白关键帧。

步骤② 创建文本 1。

① 选择【文本】工具■。

② 设置字体的【系列】为"楷体"（读者可以设置自己喜欢的字体或者自行购买外部字体库）。

③ 设置【颜色】十六进制编码值为"#FFFF00"。

④ 设置【大小】为"100"，在舞台上输入"川"字。

⑤ 将文字放置到舞台左上角，如图 5-16 所示。

步骤③ 创建文本 2。

① 选中"文字效果"图层的第 3 帧。

② 按 F6 键插入一个关键帧。

③ 在舞台上输入"剧"字。

④ 将文字放置到舞台右上角，如图 5-17 所示。

步骤④ 创建文本 3 和文本 4。

① 使用类似的方法在第 4 帧输入"变"字，然后将文字放置到舞台左下角，如图 5-18 所示。

② 使用类似的方法在第 5 帧输入"脸"字，然后将文字放置到舞台右下角，如图 5-19 所示。

图 5-16　第 2 帧添加"川"字

图 5-17　第 3 帧添加"剧"字

图 5-18　第 4 帧添加"变"字

图 5-19　第 5 帧添加"脸"字

步骤⑤ 保存测试影片，川剧变脸动画制作完成。

5.1.3　提高训练——制作"神秘舞者"

有关人物的动画要求较为细致，一般都需要使用逐帧动画来制作。本案例将使用逐帧动画制作一个"神秘舞者"的动画效果，其制作思路和效果如图 5-20 所示。

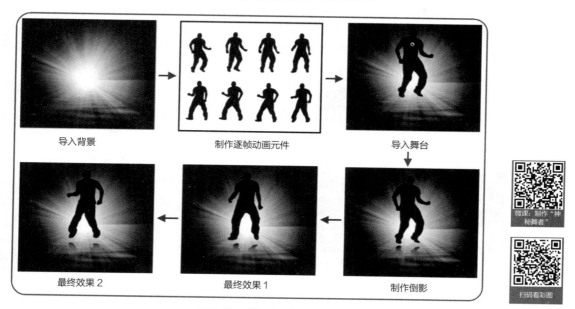

图 5-20　"神秘舞者"的制作思路和效果

【操作要点】

1. 制作背景

步骤①　新建一个 ActionScript 3.0 文档。

① 运行 Animate CC 2017 软件，新建一个类型为 ActionScript 3.0 的文档。

② 设置文档宽为"425"，高为"360"、【FPS】（帧频）为"12"。

③ 其他文档属性使用默认参数。

步骤②　导入素材。

① 将默认的"图层 1"重命名为"背景"。

② 选择菜单命令【文件】/【导入】/【导入到舞台】，导入素材文件"素材\第 5 章\神秘舞者\背景.jpg"。

③ 将导入的背景图片相对舞台居中对齐，导入背景图片后的舞台效果如图 5-21 所示。

2. 制作逐帧动画

步骤①　选择菜单命令【插入】/【新建元件】，在【创建新元件】对话框中设置【名称】为"神秘舞者"，设置【类型】为"影片剪辑"，单击 确定 按钮进入元件的编辑模式。

步骤②　将默认的"图层 1"重命名为"舞者"，然后选中第 1 帧，在舞台上绘制图 5-22 所示的人物形状。

如果读者尚不能完成人物动作的绘制，可选择菜单命令【文件】/【导入】/【打开外部库】，打开素材文件"素材\第 5 章\神秘舞者\人物动作.fla"，然后将外部库中名为"人物动作"的影片剪辑元件拖入舞台并进行居中设置，即可完成人物动作的制作。

步骤③ 选中"舞者"图层的第 2 帧，按 F6 键插入一个关键帧，然后调整人物形状，如图 5-23 所示。

图 5-21　导入背景图片后的舞台效果　　　图 5-22　绘制人物形状　　图 5-23　调整人物形状

　　通常情况下，Flash 在舞台中一次显示动画序列的一个帧。为了方便用户定位和编辑逐帧动画，单击【时间轴】面板下方的【绘图纸外观】按钮██可以在舞台中一次查看两个或多个帧，图 5-24 所示的播放头下面的帧呈全彩色状显示，其余的帧呈半透明状显示。

步骤④ 用同样的方法分别调整第 3 帧~第 8 帧的人物形状，如图 5-25 所示。制作完成后的时间轴状态如图 5-26 所示。

只显示第 1 帧　　　　　　　　　　　显示第 1 帧和第 2 帧

图 5-24　使用绘图纸外观功能

第 3 帧　　　　　第 4 帧　　　　　第 5 帧　　　　　第 6 帧　　　　　第 7 帧　　　　　第 8 帧

图 5-25　调整其他帧的人物形状

步骤⑤ 编辑场景。

① 单击 场景 1 按钮，退出元件编辑模式返回主场景。

② 新建一个图层并重命名为"舞者"。

③ 选中"舞者"图层的第 1 帧，将【库】面板中名为"神秘舞者"的元件拖入舞台。

④ 在【属性】面板【位置和大小】参数组中设置位置坐标 X 为"214.1"、Y 为"135.9"，舞台效果如图 5-27 所示。

图 5-26　间轴状态

图 5-27　舞台效果

3．制作倒影效果

步骤① 新建图层。

① 在上一步创建的"舞者"图层上新建两个图层。

② 从上到下依次重命名为"倒立舞者"和"倒影效果"。

步骤② 绘制矩形。

① 选择【矩形】工具 ▢。

② 在【颜色】面板中设置【笔触颜色】为"无"。

③ 设置【填充颜色】的类型为"线性渐变"。

④ 设置从左至右第 1 个色块颜色为"黑色"，【A】参数为"100%"。

⑤ 设置第 2 个色块颜色为"白色"且【A】参数为"0%"，参数设置如图 5-28 所示。

⑥ 在"倒影效果"图层上绘制一个矩形。

⑦ 在【属性】面板【位置和大小】参数组中设置矩形的位置坐标 X、Y 分别为"115.00""255.00"。

⑧ 设置宽、高分别为"200.00""60.00"，绘制倒影范围如图 5-29 所示。

图 5-28　参数设置　　　　　　　　图 5-29　绘制倒影范围

⑨ 使用【渐变变形】工具 调整矩形的填充渐变色为从上到下逐渐变淡，如图 5-30 所示。

步骤③ 帧操作。

① 选中"舞者"图层的第 1 帧，单击鼠标右键，在弹出的快捷菜单中选择【复制帧】命令。

② 选中"倒立舞者"图层的第 1 帧，单击鼠标右键，在弹出的快捷菜单中选择【粘贴帧】命令。

步骤④ 调整图形。

① 选中"倒立舞者"图层的"神秘舞者"元件，打开【变形】面板，设置水平倾斜为"180.0°"，垂直倾斜为"0.0°"，如图 5-31 所示。

图 5-30　调整矩形的填充渐变色　　　　图 5-31　设置变形参数

② 调整翻转后的元件使其顶部与矩形的顶部对齐，如图 5-32 所示。

步骤⑤ 创建遮罩。

① 选中"倒立舞者"图层，单击鼠标右键，在弹出的快捷菜单中选择【遮罩层】命令，将"倒立舞者"图层变为遮罩层。

② 设置完成后的舞台效果如图 5-33 所示，时间轴状态如图 5-34 所示。

图 5-32　调整元件　　　　图 5-33　设置完成后的舞台效果　　　　图 5-34　时间轴状态

步骤⑥ 保存测试影片，【神秘舞者】动画制作完成。按 Ctrl+Enter 组合键进行动画播放。

5.2 综合应用——制作"书写执手"

灵活地使用元件可以使逐帧动画的制作达到事半功倍的效果，本例将使用逐帧动画来制作"书写执手"的动画效果，描摹一个人在笔记本上写作"执手"2 个字的过程，其制作思路和效果如图 5-35 所示。

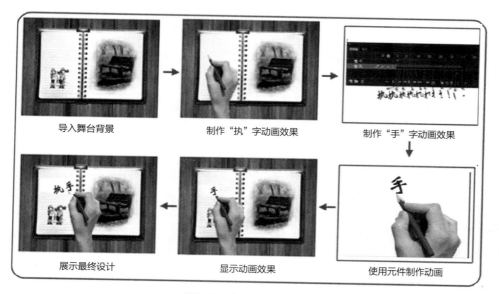

图 5-35　制作思路和效果

微课：制作"书写执手"

【操作要点】

1. 制作背景

步骤❶ 新建一个 ActionScript 3.0 文档。

① 运行 Animate CC 软件，新建一个类型为 ActionScript 3.0 的文档。

② 设置文档【尺寸】为"600 像素×440 像素"，【EPS】（帧频）为"12"。

③ 其他文档属性使用默认参数。

步骤❷ 导入背景。

① 将默认的"图层 1"重命名为"背景"。

② 选择菜单命令【文件】/【导入】/【导入到舞台】，导入素材文件"素材\第 5 章\手书文字\bg.png"，导入背景后的舞台效果如图 5-36 所示。

2. 制作"执"字的书写效果

步骤❶ 新建元件。

① 选择菜单命令【插入】/【新建元件】。

图 5-36　导入背景后的舞台效果

② 在【创建新元件】对话框中设置【名称】为"文字写作效果"。

③ 设置【类型】为"影片剪辑"。

④ 单击 确定 按钮进入元件的编辑模式。

步骤② 创建文本。

① 选中默认"图层1"的第1帧。

② 使用【文本】工具 T 在舞台上输入"执手"两字。

③ 设置【系列】为"华文新魏"、【大小】为"50.0"、【颜色】为"黑色"，如图5-37所示。

④ 调整其相对舞台居中对齐。

步骤③ 设置文本变形效果。

① 选中文字，按Ctrl+T组合键打开【变形】面板。

② 在【旋转】选项下面输入"-15.0"，如图5-38所示，使文本逆时针旋转15°，旋转后的文字效果如图5-39所示。

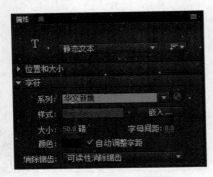
图 5-37　设置文本属性

图 5-38　设置旋转角度　　　　图 5-39　旋转后的文字效果

步骤④ 分散文字。

① 选中文字，按Ctrl+B组合键将文字打散，文字分散后的效果如图5-40所示。

② 在文字上单击鼠标右键，在弹出的快捷菜单中选择【分散到图层】命令，将两个文字分散到不同的图层上。

③ 此时的时间轴状态如图5-41所示。

④ 删除"图层1"图层，然后调整图层的顺序从下到上为"执"图层、"手"图层，如图5-42所示。

图 5-40　文字打散后的效果

图 5-41　时间轴状态

步骤⑤ 擦除文字。

① 选中最下层"执"图层上的文字，按Ctrl+B组合键将文字打散。

② 选中"扡"图层的第 2 帧，按 F6 键插入一个关键帧。

③ 选择【橡皮擦】工具，擦除"扡"最后一笔的一小部分，如图 5-43 所示。

> 提示
>
> 这里擦除文字的顺序和文字被书写出来的顺序刚好相反，是为了后续翻转帧之后制作出文字被逐渐写出的效果。

④ 在"扡"图层的第 3 帧插入一个关键帧，继续擦除"扡"字的一小部分，效果如图 5-44 所示。

图 5-42　调整图层顺序　　　　图 5-43　第 2 帧的文字　　　图 5-44　第 3 帧的文字

⑤ 重复上面的步骤，直到把文字擦除到剩下很小一部分为止，效果如图 5-45 所示。

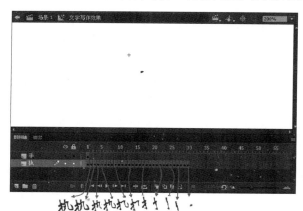

图 5-45　反向擦除文字

> 提示
>
> 剩下一小部分是方便后面调整笔的位置时确定笔尖的起点。

步骤⑥ 翻转帧。

① 选择"扡"图层的所有帧，单击鼠标右键，在弹出的快捷菜单中选择【翻转帧】命令。

② 按 Enter 键预览动画，可以看到舞台上按从左至右的书写顺序显示出一个"扡"字。

步骤⑦ 导入并设置图片。

① 在"扡"图层上新建一个图层。

② 将新建图层重命名为"手与笔"。

③ 选择菜单命令【文件】/【导入】/【导入到舞台】，导入素材文件"素材\第 5 章\手书文字\手.png"。

④ 选中舞台中的"手"图片，调整其宽、高分别为"160"和"467.7"。

⑤ 移动图片位置使笔尖在"执"字的起始位置，如图 5-46 所示。

⑥ 选中"手与笔"图层的第 2 帧，按 F6 键插入一个关键帧。

⑦ 使用【选择】工具 将"手"图片移动到"执"字显示部分的最右端，如图 5-47 所示。

⑧ 使用同样的方法逐帧移动"手"图片，直到使用"手"图片模拟写完整个"执"字，时间轴如图 5-48 所示。

图 5-46 设置第 1 帧　　图 5-47 设置第 2 帧　　　　　　　　图 5-48　时间轴

3. 制作"手"字的书写效果

步骤❶ 调整起始帧。

① 将"手"图层拖到"手与笔"图层的下方。

② 选择"手"图层的第 1 帧，将其拖到第 34 帧处，如图 5-49 所示。

步骤❷ 分散和擦除文字。

① 按 Ctrl+B 组合键将"手"字打散。

② 用反向擦除的方法，设置"手"图层

图 5-49　　调整"手"图层的起始帧

的第 35 帧、第 36 帧的效果如图 5-50 和图 5-51 所示，最后一帧的效果如图 5-52 所示。

图 5-50　"手"图层的第 35 帧的效果　图 5-51　"手"图层的第 36 帧的效果　　　　图 5-52　最后一帧的效果

步骤❸ 翻转帧。

① 选中"手"图层的所有关键帧。

② 在其上单击鼠标右键，在弹出的快捷菜单中选择【翻转帧】命令。

步骤④ 模拟"手"字书写过程。

① 在"手与笔"图层的第 34 帧插入关键帧，调整其位置，第 34 帧的效果如图 5-53 所示。

② 调整第 35 帧的位置，第 35 帧的效果如图 5-54 所示。

③ 用逐帧移动的方法模拟写完整个"手"字，最后一帧如图 5-55 所示。

图 5-53　第 34 帧的效果　图 5-54　第 35 帧的效果　　　　图 5-55　"手"字的最后一帧

步骤⑤ 完善设计。

① 分别在各个图层的第 100 帧处按 F5 键插入普通帧，插入帧效果如图 5-56 所示。

② 单击工作区上方的█按钮，退出元件编辑模式，返回主场景。

③ 在"背景"图层之上新建一个图层并重命名为"写作效果"。

④ 将【库】面板中名为"文字的写作效果"的影片剪辑元件拖入舞台。

⑤ 在【属性】面板【位置和大小】参数组中设置位置坐标 X 为"100"、Y 为"160"，并调整"文字的写作效果"元件的位置，如图 5-57 所示。

图 5-56　插入帧效果　　　　　　图 5-57　调整"文字的写作效果"元件的位置

步骤⑥ 保存测试影片，"书写执手"制作完成。按 Ctrl+Enter 组合键进行动画播放。

5.3　习题

1. 什么是帧？

2. 说明空白关键帧与关键帧的区别。

3. 说明空白帧与空白关键帧的区别。

4. 简要说明逐帧动画的制作原理。

5. 练习制作一个简单的逐帧动画。

06

第 6 章
制作补间动画

补间动画可以将舞台上对象的位置变化以及大小、颜色或其他属性的改变记录为动画，是 Animate CC 2017 中非常重要的动画制作方法和表现手段。制作补间动画时，在两个关键帧之间创建插补帧，其插补帧是由计算机自动运算而得到的。

学习目标

- ✔ 掌握 Animate CC 2017 绘图工具的使用方法。
- ✔ 掌握使用 Animate CC 2017 绘图工具绘图的技巧。
- ✔ 掌握导入素材的方法。
- ✔ 掌握使用导入素材进行动画制作的方法。

6.1　制作补间形状动画

【知识解析】

补间形状动画是指先在一个关键帧上绘制一个形状，然后在另一个关键帧上更改该形状或绘制另一个形状等，Animate CC 2017 将自动根据二者之间的帧的值或形状来创建动画，可以实现变化两个图形之间的颜色、形状、大小和位置。

6.1.1　补间形状动画制作原理

1. 补间动画的种类

早期的 Flash 只能创建两种类型的补间动画，一种叫作补间动画，实际上是运动补间动画，可以让物体产生缩放、旋转、位置变化、透明度变化等变化。另一种叫作补间形状动画，主要用于变形动画，例如将一个圆形物体变为方形。

后期的 Flash 中加入了 3D 功能，因为前期已有的两种动画都无法实现 3D 旋转功能，为了区别，把前期的补间动画改称为传统补间动画。这样就有以下 3 种创建补间的形式。

◎ 创建补间动画：可以实现传统补间动画的效果，还能实现 3D 补间动画的效果。

◎ 创建补间形状动画：用于变形动画。

◎ 创建传统补间动画：能实现位置变化、旋转、放大、缩小、透明度变化等效果。

下面通过一个简单的案例来说明三者的区别。

【操作要点】

（1）制作补间形状动画。

步骤❶ 新建一个动画文件。

步骤❷ 在第 1 帧中绘制一个圆形。

步骤❸ 在时间轴第 15 帧处按 F7 键插入一个空白关键帧，然后在这一帧中绘制一个正方形。

步骤❹ 在第 1 帧上单击鼠标右键，在弹出的快捷菜单中选择【创建补间形状】命令，则可以实现制作一个圆形变成正方形的动画，如图 6-1 所示。

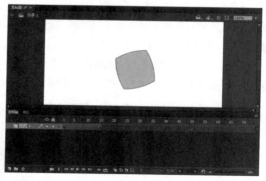

图 6-1　制作补间形状动画

提示

动画制作完毕后，拖动播放头可以查看动画效果，也可以单击 ▶ 按钮播放动画，还可以直接按 Enter 键查看动画效果。

（2）制作传统补间动画。

步骤❶ 新建一个 ActionScript 3.0 文档。

步骤❷ 在第 1 帧中绘制一个圆形，框选整个图形，按 F8 键将其转化为图形元件。

步骤❸ 单击第 15 帧，按 F6 键插入一个关键帧。

步骤❹ 将第 15 帧处的图形进行缩小，然后移动其位置。

通过在【属性】面板中设置对象的宽和高来缩放图形，使用【选择】工具 来移动图形。

步骤⑤ 在第 1 帧上单击鼠标右键，在弹出的快捷菜单中选择【创建传统补间】命令，则可以实现制作一个大圆变小并移动的动画。

步骤⑥ 打开绘图纸外观效果，可以看到动画从第 1 帧到第 15 帧的变化过程，如图 6-2 所示。

 要删除补间动画，可以在时间轴上补间动画区域单击鼠标右键，在弹出的快捷菜单中选择【删除补间】命令。

（3）制作补间动画。

步骤① 新建一个动画文件。

步骤② 在第 1 帧中绘制一个正方形，框选整个对象后按 F8 键将其转换为影片剪辑元件。

 这里要进行 3D 旋转，而 3D 旋转只对影片剪辑元件有效。

步骤③ 在第 15 帧处按 F5 键插入帧（注意，是插入帧而不是插入关键帧）。

步骤④ 在第 1 帧处单击鼠标右键，在弹出的快捷菜单中选择【创建补间动画】命令。

步骤⑤ 在第 15 帧上单击鼠标右键，在弹出的快捷菜单中选择【插入关键帧】/【旋转】命令。

步骤⑥ 选择【工具】面板上的【3D 旋转】工具，此时对象上显示旋转工具，拖动鼠标为第 15 帧的对象进行一定角度的旋转操作，动画制作完成。

步骤⑦ 按 Ctrl+Enter 组合键测试动画，可以看到对象进行三维旋转，如图 6-3 所示。

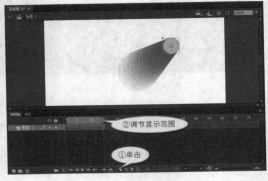

图 6-2　创建传统补间动画

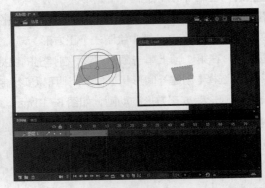

图 6-3　制作补间动画

 创建传统补间动画和补间动画时要求使用元件实例，如果所选的对象不是元件实例，Animate CC 2017 将提示将其转换为元件。

2. 创建补间形状动画

补间形状动画是指在两个或两个以上的关键帧之间对形状进行补间，从而创建出一个形状随着时间的改变而变成另一个形状的动画效果。补间形状动画可以实现在两个矢量图形之间变化颜色、形状、位置的效果，其原理如图 6-4 所示。

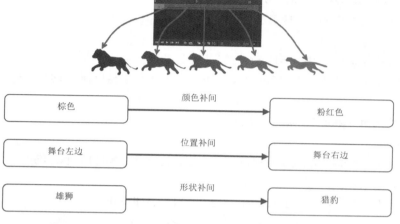

扫码看彩图

图 6-4　补间形状动画的原理

> 补间形状动画只能对矢量图形进行补间，要对组、实例或位图图像应用补间形状动画，首先必须分离这些元素。

同一图层上，在绘制着不同矢量图形的两个关键帧之间任选一帧，在该帧上单击鼠标右键，在弹出的快捷菜单中选择【创建补间形状】命令，如图 6-5 所示，即可在两个关键帧之间创建补间形状动画。

如果两个关键帧之间的任何一个关键帧中的内容不符合创建补间形状动画的要求或内容为空，补间形状动画就会创建失败，如图 6-6 所示。

3. 补间形状动画的【属性】面板

当建立了一个补间形状动画后，单击时间轴，其【属性】面板如图 6-7 所示。

图 6-5　选择【创建补间形状】命令

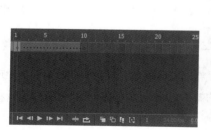

图 6-6　补间形状动画创建失败

图 6-7　补间形状动画的【属性】面板

【补间】参数组中经常使用的选项如下。

（1）【缓动】参数

在【缓动】文本框中输入相应的数值，补间形状动画则会随之发生相应的变化。

◎ 其值为-100 ~ 0 时，动画变化的速度从慢到快。

◎ 其值为 0 ~ 100 时，动画变化的速度从快到慢。

◎ 缓动为 0 时，补间帧之间的变化速率是不变的。

（2）【混合】下拉列表

在【混合】下拉列表中包含"角形"和"分布式"两个选项。

◎ 角形：创建的动画形状会保留有明显的角和直线，这种模式适合具有锐化转角和直线的混合形状。

◎ 分布式：创建的动画形状比较平滑和不规则。

4．使用形状提示点

复杂的形状变形过程会使软件无法正确识别（以用户想要的效果为基准）形状上的关键点，从而导致变形混乱，如图 6-8 所示。

通过使用形状提示点则可以标记这些关键点，以弥补此缺陷，如图 6-9 所示。

图 6-8　未使用形状提示点 　　　　　　　　图 6-9　使用形状提示点

（1）添加形状提示点

单击补间形状动画的开始帧，选择菜单命令【修改】/【形状】/【添加形状提示】或按 Ctrl+Shift+H 组合键，可在形状上添加一个带字母的红色圆圈，相应地在结束帧的形状上也会添加形状提示点，如图 6-10 所示。

（2）调节形状提示点

分别将这两个形状提示点放置到适当的位置，起始关键帧上的形状提示点为黄色，结束关键帧上的形状提示点为绿色，如图 6-11 所示。

继续添加形状提示点，并调节形状提示点的位置，此时图形的变化过程如图 6-12 所示。

第 1 帧　　　第 10 帧　　　　显示为黄色　　显示为绿色

图 6-10　添加形状提示点　　　图 6-11　调节形状提示点　　　图 6-12　使用形状提示点的图形的变化过程

6.1.2　基础训练——制作"动物变身"

在很多的动画中，都可以看到一些物体"变身"的效果，其原理很简单，本例将使用补间形状动画来制作一个"动物变身"的效果，制作思路和效果如图 6-13 所示。

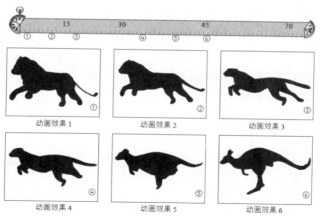

动画效果 1　　　　　动画效果 2　　　　　动画效果 3

动画效果 4　　　　　动画效果 5　　　　　动画效果 6

图 6-13　制作思路和效果

微课：制作"动物变身"

【操作要点】

1. 布置场景元素

步骤① 预设场景。

① 运行 Animate CC 2017 软件。

② 按 Ctrl+O 组合键打开素材文件"素材\第 6 章\动物变身\动物大变身.fla"。

③ 【库】面板，其中已提供本案例所需的素材，如图 6-14 所示。

步骤② 设置"狮子"元件，如图 6-15 所示。

① 选中"图层 1"的第 1 帧。

② 将【库】面板中名为"狮子"的图形元件拖曳到舞台。

③ 在【属性】面板【位置和大小】参数组中设置位置坐标 X 为"129.95"、Y 为"116.45"。

④ 选中舞台上的"狮子"元件，按 Ctrl+B 组合键打散元件。

图 6-14　【库】面板效果

图 6-15　设置"狮子"元件

步骤③ 设置"豹子"元件，如图 6-16 所示。

① 选中"图层 1"的第 15 帧。

② 按 F7 键插入一个空白关键帧。

③ 将【库】面板中名为"豹子"的图形元件拖曳到舞台。

④ 在【属性】面板【位置和大小】参数组中设置位置坐标 X 为"143.65"、Y 为"143.50"。

⑤ 选中舞台上的"豹子"元件，按 Ctrl+B 组合键打散元件。

步骤④ 设置"袋鼠"元件，如图 6-17 所示。

① 选中"图层 1"的第 30 帧。

② 按 F6 键插入关键帧。

③ 选中"图层 1"的第 45 帧。

④ 按 F7 键插入一个空白关键帧。

⑤ 将【库】面板中名为"袋鼠"的图形元件拖曳到舞台。

⑥ 在【属性】面板【位置和大小】参数组中设置位置坐标 X 为"133.25"、Y 为"124.55"。

⑦ 选中舞台上的"袋鼠"元件，按 Ctrl+B 组合键打散元件。

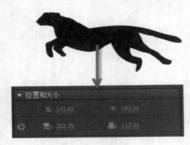

图 6-16　设置"豹子"元件

图 6-17　设置"袋鼠"元件

步骤⑤ 插入帧，如图 6-18 所示。

① 选中"图层 1"的第 70 帧。

② 按 F5 键插入一个普通帧。

图 6-18　插入帧

2. 制作补间形状动画

步骤① 在第 1 帧~第 15 帧创建补间形状动画。

① 在"图层 1"的第 1 帧上单击鼠标右键。

② 在弹出的快捷菜单中选择【创建补间形状】命令，如图 6-19 所示。

步骤② 使用同样的方法在第 30 帧~第 45 帧之间创建补间形状动画，时间轴如图 6-20 所示。

3. 添加形状提示点

步骤① 在第 1 帧~第 15 帧添加形状提示点，如图 6-21 所示。

① 选中"图层 1"的第 1 帧。

② 选择菜单命令【修改】/【形状】/【添加形状提示】，添加一个形状提示点。

③ 将形状提示点拖动到狮子图形的嘴部。

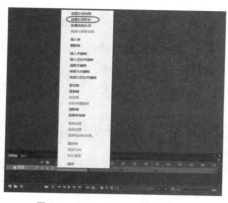

图6-19 选择【创建补间形状】命令

图6-20 时间轴

④ 选中"图层 1"的第 15 帧。

⑤ 将形状提示点拖动到豹子图形的嘴部并使它变为绿色。

⑥ 使用同样的方法再依次在第 1 帧狮子图形的身体部位添加 4 个形状提示点，并依次分别在第 15 帧将形状提示点的位置调整到豹子图形的身体的相应部位。

图6-21 在第 1 帧~第 15 帧添加形状提示点

步骤② 使用同样的方法在第 30 帧~第 45 帧添加形状提示点，如图 6-22 所示。

图6-22 在第 30 帧~第 45 帧添加形状提示点

  提示

按逆时针顺序从形状的左上角开始放置形状提示点的效果最好。添加的形状提示点不应太多，但应将每个形状提示点放置在合适的位置。

步骤③ 按 Ctrl+S 组合键保存影片文件，案例制作完成。

6.2 制作传统补间动画

【知识解析】

Flash CS4 之前的各个版本创建的补间动画都称为传统补间动画，可在动画中展示移动位置、改变大小、旋转和改变色彩等效果。

6.2.1　传统补间动画制作原理

在存储着同一元件两种不同属性的两个关键帧之间任选一帧，在该帧上单击鼠标右键，在弹出的快捷菜单中选择【创建传统补间】命令即可创建传统补间动画，如图 6-23 所示。

如果两个关键帧之间的任何一个关键帧中的内容不符合要求，传统补间动画就会创建失败，如图 6-24 所示。

当选中传统补间动画的任意一帧时，其【属性】面板如图 6-25 所示。其中常用的选项为【旋转】和【缓动】选项。

在【旋转】下拉列表中选择不同的选项，将使元件按照不同的方式旋转。

◎【无】：元件不产生旋转。

◎【自动】：元件的旋转效果由软件自动创建。

◎【顺时针】：元件播放时以顺时针方向进行旋转，并可在其后的参数中设置旋转次数。

◎【逆时针】：元件播放时以逆时针方向进行旋转，并可在其后的参数中设置旋转次数。

图 6-23　选择【创建传统补间】命令

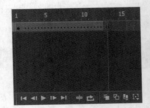
图 6-24　传统补间动画创建失败

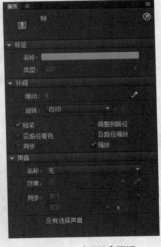
图 6-25　【属性】面板

6.2.2　基础训练——制作"汽车广告"

传统补间动画在商业领域的应用十分广泛，其中用于制作广告的案例特别丰富。接下来将为读者介绍一个"汽车广告"的制作方法，汽车广告效果如图 6-26 所示。

微课：制作"汽车广告"

扫码看彩图

图 6-26　汽车广告效果

【操作要点】

1. 布置场景

步骤① 打开素材文件"素材\第 6 章\汽车广告\汽车广告.fla"。

步骤② 新建图层并重命名图层，并在所有图层的第 120 帧处插入帧，如图 6-27 所示。

步骤③ 将【库】面板中的"背景"元件拖入"背景"图层，并使其相对舞台居中对齐，如图 6-28 所示。

图 6-27　新建图层并重命名图层

图 6-28　设置背景元件

步骤④ 将"路面及光效"元件拖入"路面"图层，并设置其位置坐标 X、Y 分别为"-62""150.45"，如图 6-29 所示。

图 6-29　设置"路面及光效"元件

2. 设置帧

步骤① 在"路面"图层的第 10 帧、第 70 帧和第 80 帧分别插入关键帧。

步骤② 在第 1 帧和第 80 帧处设置"路面及光效"元件的【Alpha】值为"0%"。

步骤③ 在第 1 帧~第 10 帧、第 70 帧~第 80 帧创建传统补间动画，时间轴效果如图 6-30 所示。

图 6-30　时间轴效果 1

3. 设置"汽车"元件

步骤① 将"汽车"元件拖入"汽车"图层。

步骤② 在"汽车"图层的第 30 帧、第 70 帧、第 90 帧分别插入关键帧。

步骤③ 在第 1 帧~第 30 帧、第 70 帧~第 90 帧创建传统补间动画，并在 4 个关键帧处分别设置"汽车"元件的属性，如图 6-31 所示。

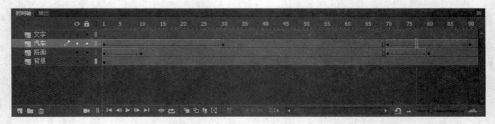

时间轴效果

| 第 1 帧效果 | 第 30 帧、第 70 帧效果 | 第 90 帧效果 |

第 1 帧"汽车"元件属性参数　　　第 30 帧、第 70 帧"汽车"元件属性参数　　　第 90 帧"汽车"元件属性参数

图 6-31　设置"汽车"元件的属性

4. 创建传统补间动画

步骤① 选中"汽车"图层的第 1 帧，在【属性】面板的【补间】参数组中设置其【缓动】为"100"。

步骤② 在"文字"图层的第 30 帧处插入关键帧，将"文字"元件拖入"文字"图层，并设置位置坐标 X、Y 分别为"98""41"，如图 6-32 所示。

图 6-32　设置"文字"元件

步骤③ 在"文字"图层的第 40 帧、第 90 帧、第 100 帧处分别插入关键帧。

步骤④ 在第 30 帧和第 100 帧处为"文字"元件添加"模糊"滤镜，并设置【模糊 X】为"255"，【模糊 Y】为"0"。

步骤⑤ 在第 30 帧～第 40 帧、第 90 帧～第 100 帧创建传统补间动画，时间轴效果如图 6-33 所示。

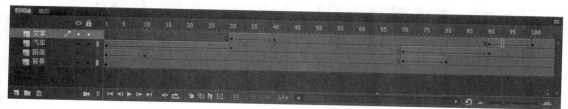

图 6-33　时间轴效果 2

步骤⑥ 保存测试影片，一个"汽车广告"的案例制作完成。

6.3　创建补间动画

【知识解析】

补间动画是指在两个关键帧之间进行动画渐变操作，从而实现图片的运动。插入补间动画后，两个关键帧之间的其他帧是由软件自动运算而得到的。

6.3.1　补间动画制作原理

在包含一个元件的图层上的任意一帧处单击鼠标右键，在弹出的快捷菜单中选择【创建补间动画】命令，即可创建补间动画，如图 6-34 所示。

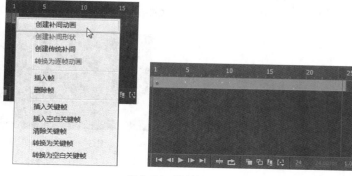

图 6-34　创建补间动画

　　如果图层是普通图层，它将成为补间图层。如果图层是引导层、遮罩层或被遮罩层，它将成为补间引导层、补间遮罩层或补间被遮罩层。

1. 常用帧操作

在补间动画中，可以执行以下常用帧操作。

步骤❶ 在时间轴中拖动补间范围的任意一端，可以按所需长度缩短或延长补间范围，如图 6-35 所示。

步骤❷ 还可以将补间区域全部选中，进行整体拖放，如图 6-36 所示。

图6-35　缩短或延长补间范围

图6-36　整体拖放补间范围

步骤③ 将播放头放在补间范围内的某个帧上，然后将舞台上的对象拖到新位置，即可将动画添加到补间动画，如图 6-37 所示。自动在时间轴播放头所在的帧处插入一个关键帧，选中舞台上的对象（小狗），可以查看其运动的轨迹线。

时间轴效果

图层效果

图 6-37　添加动画到补间动画

步骤④ 使用【选择】工具 可对轨迹线进行调整，如图 6-38 所示。这样能极大地方便用户对动画进行细部控制。

步骤⑤ 要选中补间范围内的某一帧，可通过鼠标单击来选择，如图 6-39 所示。

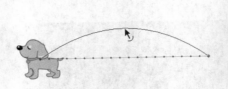

图 6-38　调整轨迹线

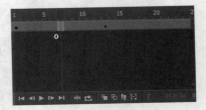

图 6-39　选中一帧

2. 补间动画原理

可补间的对象类型包括影片剪辑元件、图形元件和按钮元件以及文本字段。可补间的对象的属性包括以下几个方面。

◎ D X 和 Y 位置。

◎ 3D Z 位置（仅限影片剪辑元件）。

◎ 2D 旋转（绕 Z 轴）。

◎ 3D X、Y 和 Z 旋转（仅限影片剪辑元件）。

◎ 3D 动画要求 FLA 文件在发布设置时面向 ActionScript 3.0 和 Flash Player 10 及以上版本。

◎ 倾斜 X 和 Y。

◎ 缩放 X 和 Y。

◎ 颜色效果。

◎ 颜色效果包括 Alpha（透明度）、亮度、色调和高级颜色设置。只能在元件上补间颜色效果。若要在文本上补间颜色效果，请将文本转换为元件。

◎ 滤镜属性（不包括应用于图形元件的滤镜）。

3. 三维操作工具

【工具】面板中有【3D 平移】工具 和【3D 旋转】工具 两种三维操作工具。

① 选择【工具】面板中的【3D 平移】工具 ，即可对舞台上的影片剪辑元件进行三维平移，如图 6-40 所示。

在 X 轴方向上移动元件　　在 Y 轴方向上移动元件　　在 Z 轴方向上移动元件

图 6-40　三维平移工具的使用

② 选择【工具】面板中的【3D 旋转】工具 ，即可对舞台上的影片剪辑元件进行三维旋转，如图 6-41 所示。

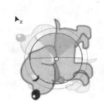

在 X 轴方向上旋转元件　　在 Y 轴方向上旋转元件　　在 Z 轴方向上旋转元件

图 6-41　三维旋转工具的使用

③ 选择舞台上使用三维操作工具进行了操作的元件，可在【属性】面板中的【3D 定位和视图】参数组中设置位置、透视角度以及消失点等参数，如图 6-42 所示。

◎ 位置：设置对象在空间中的 X、Y 和 Z 坐标。

◎ 透视角度：增大透视角度可使 3D 对象看起来更近，减小透视角度可使 3D 对象看起来更远。此效果与通过镜头更改视角的照相机镜头缩放效果类似。

◎ 消失点：3D 影片剪辑元件上的 Z 轴都朝着消失点后退。通过重新定位消失点，可以更改沿 Z 轴平移对象时对象的移动方向。通过调整消失点的位置，可以精确控制舞台上 3D 对象的外观和动画。

4. 动画编辑器

创建补间动画后，双击时间轴即可在其下方打开【动画编辑器】面板，

图 6-42　【属性】面板

如图 6-43 所示。在【动画编辑器】面板中可以查看所有补间属性及其属性关键帧，还提供了向补间动画添加精度和详细信息的工具。

使用【动画编辑器】面板可以进行以下操作。

◎ 设置各属性关键帧的值。

◎ 添加或删除各个属性的属性关键帧。

◎ 将属性关键帧移动到补间动画内的其他帧。

◎ 将属性曲线从一个属性复制并粘贴到另一个属性。

◎ 翻转各属性的关键帧。

◎ 重置各属性或属性类别。

◎ 使用贝赛尔控件对大多数单个属性的补间曲线的形状进行微调（X、Y 和 Z 属性没有贝赛尔控件）。

◎ 添加或删除滤镜或色彩效果并调整其设置。

◎ 对各个属性和属性类别添加不同的预设缓动。

◎ 创建自定义缓动曲线。

◎ 将自定义缓动添加到各个补间属性和属性组中。

◎ 对 X、Y 和 Z 属性的各个属性关键帧启用浮动。通过浮动，可以将属性关键帧移动到不同的帧或在各个帧之间移动以创建流畅的动画。

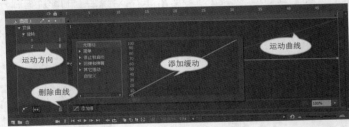

图 6-43 【动画编辑器】面板

6.3.2 基础训练——制作"图片展示"

本例将利用【3D 旋转】工具 配合补间动画来制作一个"图片展示"效果动画，其制作思路和效果如图 6-44 所示。

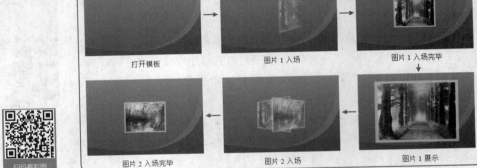

图 6-44 制作思路和效果

【操作要点】

1. 制作"图片1"元件的入场

步骤① 导入素材。

① 新建 Animate CC 文件。

② 打开素材文件"素材\第6章\图片展示\图片展示.fla",场景效果如图6-45所示。

③ 【库】面板效果如图6-46所示。

图6-45　场景效果1

图6-46　【库】面板效果

步骤② 在"背景"图层之上新建并重命名图层,如图6-47所示。

步骤③ 创建元件的实例。

① 在"图片1"图层的第20帧处按F6键插入关键帧。

② 将【库】面板中的"图片1"元件拖入场景,并使其相对舞台居中对齐。

③ 此时的场景效果如图6-48所示,时间轴效果如图6-49所示。

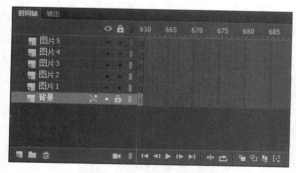

图6-47　新建并重命名图层

图6-48　场景效果2

步骤④ 创建补间动画。

① 在【变形】面板中将"图片1"元件的【宽度】和【高度】参数都设为"50%"。

② 在"图片1"图层的第20帧～第660帧的任意位置上单击鼠标右键,在弹出的快捷菜单中选择【创建补间动画】命令,如图6-50所示。

图 6-49　时间轴效果　　　　　　　　　图 6-50　选择【创建补间动画】命令

步骤⑤ 移动图形。

① 选择"图片 1"元件，将播放头拖动到第 29 帧处。

② 使用【选择】工具 ，将"图片 1"元件向右移动半个图片宽度的距离，在第 29 帧会自动生成一个关键帧来记录这一改变，如图 6-51 所示。

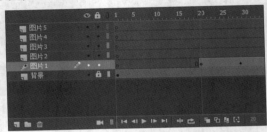

图 6-51　移动"图片 1"元件

步骤⑥ 旋转图形。

① 选择【3D 旋转】工具 。

② 选择第 29 帧处的"图片 1"元件。

③ 将鼠标指针放置在 y 轴线上，当鼠标指针变为图 6-52 所示形状时，按住鼠标左键向下拖动，对"图片 1"元件进行 3D 旋转，如图 6-53 所示。

图 6-52　使用【3D 旋转】工具　　　　　图 6-53　旋转"图片 1"元件

步骤⑦ 翻转帧。

① 在【属性】面板中选择【色彩效果】/【样式】/【Alpha】选项，设置其【Alpha】参数为"0%"，设置效果如图 6-54 所示。

② 在"图片 1"图层的第 20 帧～第 29 帧的任意位置上单击鼠标右键,在弹出的快捷菜单中选择【翻转关键帧】命令,如图 6-55 所示。

图 6-54　设置效果

图 6-55　选择【翻转关键帧】命令

提示

　　　　读者在元件的 A、B 两帧(A 帧在前,B 帧在后)之间创建补间动画时,如 B 帧所需的元件属性已在 A 帧存在,则可在 B 帧处创建 A 帧所需的元件属性,而后使用右键菜单中的【翻转帧】工具将 A、B 两帧翻转。

步骤⑧ 调整图形。

① 在第 31 帧和第 45 帧处,按 F6 键插入关键帧。此时,时间轴效果如图 6-56 所示。

② 在【变形】面板中将第 45 帧处"图片 1"元件的宽度和高度参数都设为"100%",调整参数后的图片效果如图 6-57 所示。

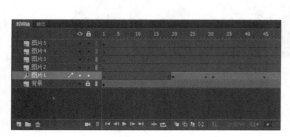

图 6-56　时间轴效果

图 6-57　调整参数后的图片效果 1

2. 制作"图片 1"元件的出场

步骤❶ 调整图形。

① 在"图片 1"图层的第 130 帧和第 144 帧处，按 F6 键插入关键帧。

② 在【变形】面板中将第 144 帧处"图片 1"元件的宽度和高度参数都设为"50%"，调整参数后的图片效果如图 6-58 所示。

步骤❷ 旋转图形。

① 在第 146 帧和第 155 帧处，按 F6 键插入关键帧。

② 选择第 155 帧处的"图片 1"元件，使用【选择】工具 将"图片 1"元件向左移动半个图片宽度的距离。

③ 选择【3D 旋转】工具 对"图片 1"元件进行 3D 旋转，设置其【Alpha】参数为"0%"，旋转效果如图 6-59 所示。

图 6-58　调整参数后的图片效果 2

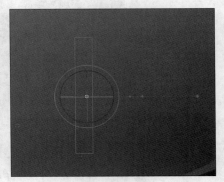

图 6-59　旋转效果

步骤❸ 使用同样的方法为元件"图片 2""图片 3""图片 4""图片 5"制作展示效果，设置完成后的时间轴状态如图 6-60 所示。

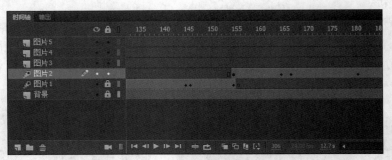

图 6-60　设置完成后的时间轴状态

　　　　读者可根据自己的喜好将后一个元件的出场调整至前一个元件消失之前，以使得两个元件能较好地衔接。

步骤❹ 保存测试影片，一个绚丽的"图片展示"效果制作完成。

6.4 综合应用——制作"旋转棱锥"

本例将使用形状提示点动画来制作一个旋转的三棱锥效果，制作思路和效果如图 6-61 所示。

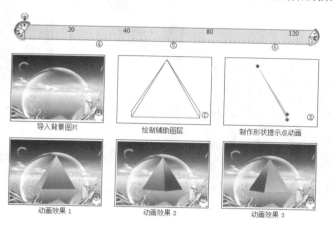

图 6-61　制作思路和效果

【操作要点】

1. 导入背景图片

步骤❶　新建一个 ActionScript 3.0 文档。

步骤❷　设置文档属性，如图 6-62 所示。

步骤❸　新建并重命名图层，如图 6-63 所示。

①　连续单击 按钮新建图层。

②　重命名各图层。

图 6-62　设置文档属性

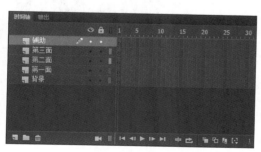

图 6-63　新建并重命名图层

步骤❹　锁定图层，如图 6-64 所示。

①　锁定除"背景"图层以外的图层。

②　单击"背景"图层的第 1 帧。

步骤⑤ 导入背景图片，如图 6-65 所示。

① 选择菜单命令【文件】/【导入】/【导入到舞台】，打开【导入】对话框。

② 将素材文件"素材\第 6 章\旋转棱锥\背景.jpg"导入舞台。

图 6-64　锁定图层

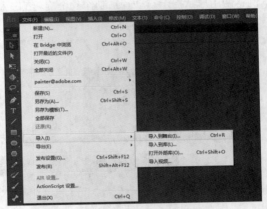

图 6-65　导入背景图片

步骤⑥ 设置图片的位置，如图 6-66 所示。

① 选中舞台上的"背景.jpg"图片。

② 在【属性】面板【位置和大小】参数组中设置位置坐标 X 为"0.00"，Y 为"0.00"。

2. 绘制辅助图层

步骤① 隐藏图层，如图 6-67 所示。

① 隐藏"背景"图层。

② 锁定除"辅助"图层以外的图层。

图 6-66　设置图片的位置

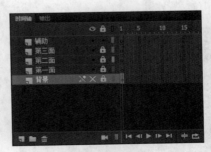

图 6-67　隐藏图层

步骤② 设置工具属性，如图 6-68 所示。

① 单击【多边形】工具 ，弹出【属性】面板。

② 在【属性】面板【填充和笔触】参数组中设置【笔触颜色】为"黑色"、【填充颜色】为"无"、【笔触高度】为"1.00"。

③ 在【属性】面板【工具设置】参数组中单击 选项... 按钮，打开【工具设置】对话框。

④ 在【工具设置】对话框中设置【边数】为"3"。最后单击 确定 按钮。

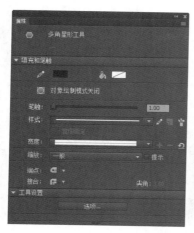

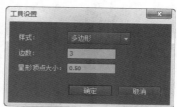

图6-68　设置工具属性

步骤③ 绘制三角形，如图 6-69 所示。

① 按住 Shift 键在"辅助"图层上绘制一个三角形。

② 在【属性】面板【位置和大小】参数组中设置宽为"242.90"、高为"213.00"，设置位置坐标 X 为"153.60"、Y 为"93.50"。

步骤④ 绘制其他线条，如图 6-70 所示。

① 按 N 键启用【线条】工具／。

② 在三角形右边绘制两条边作为三棱锥侧面的边。

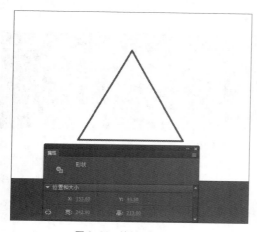

图6-69　绘制三角形

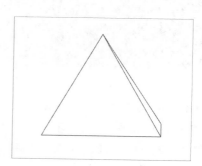

图6-70　绘制其他线条

步骤⑤ 复制线条，如图 6-71 所示。

① 选中绘制的两条边。

② 按 Ctrl+T 组合键打开【变形】面板。

③ 在【变形】面板上单击■按钮复制两条边。

④ 设置【倾斜】选项中的参数。

⑤ 在舞台上单击复制的两条边，将其水平移动到三角形的左侧。

图 6-71　复制线条

步骤⑥ 复制粘贴帧，如图 6-72 所示。

① 选中所有图层的第 120 帧。

② 按 F5 键插入帧。

③ 选中"辅助"图层的第 1 帧。

④ 按 Ctrl+Alt+C 组合键复制第 1 帧。

⑤ 选择"第一面"图层的第 1 帧。

⑥ 按 Ctrl+Alt+V 组合键粘贴帧。

⑦ 锁定并隐藏"辅助"图层。

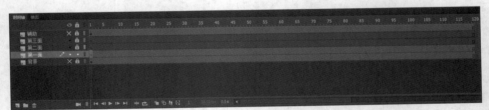

图 6-72　复制粘贴帧

3. 制作"第一面"图层上的动画

步骤① 填充颜色，如图 6-73 所示。

① 选择"第一面"图层上的图形，将多余的线条删除，只保留正面三角形的轮廓线。

② 按 K 键启用【颜料桶工具】工具。

③ 在【颜色】面板中设置【类型】为"线性渐变"。

④ 设置色块颜色并填充三角形。

⑤ 按 F 键启用【渐变变形】工具。

⑥ 调整渐变形状。

⑦ 删除三角形的轮廓线，只保留填充区域。

步骤② 插入关键帧，如图 6-74 所示。

① 在"第一面"图层的第 40 帧、第 80 帧、第 120 帧处分别按 F6 键插入关键帧。

图 6-73 填充颜色

② 在第 41 帧处按 F7 键插入一个空白关键帧。

③ 取消隐藏"辅助"图层。

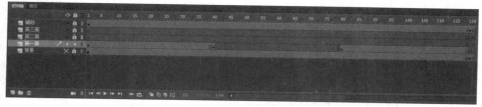

图 6-74 插入关键帧

步骤❸ 调整各帧处图形的形状，如图 6-75 所示。

① 在"第一面"图层中选中第 40 帧处的图形。

② 在舞台上调整图形的形状。

③ 在"第一面"图层中选中第 80 帧处的图形。

④ 在舞台上调整图形的形状。

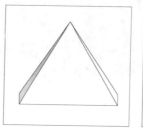

图 6-75 调整各帧处图形的形状

调整第 40 帧、第 80 帧处图形的形状时，先在"第一面"图层上绘制图形，填充颜色后删除多余的线条。

步骤❹ 创建补间形状动画，如图 6-76 所示。

① 隐藏"辅助"图层。

② 分别在"第一面"图层中的第 1 帧~第 40 帧、第 80 帧~第 120 帧创建补间形状动画。

图 6-76 创建补间形状动画

4. 添加形状提示点

步骤① 在第 80 帧处添加形状提示点，如图 6-77 所示。

① 选中"第一面"图层的第 80 帧。

② 选择菜单命令【修改】/【形状】/【添加形状提示】。

③ 为图形添加 3 个形状提示点。

④ 调整 3 个形状提示点的位置。

步骤② 在第 120 帧处添加形状提示点，如图 6-78 所示。

① 选中"第一面"图层的第 120 帧。

② 选择菜单命令【修改】/【形状】/【添加形状提示】。

③ 为图形添加 3 个形状提示点。

④ 调整 3 个形状提示点的位置。

步骤③ 至此，"第一面"图层上的动画制作完成。

步骤④ 制作"第二面"图层上的动画，方法与制作"第一面"图层上的动画相似，这里给出相关信息，动画设置如图 6-79 所示。其色彩设置如图 6-80 所示。

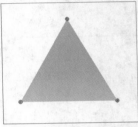
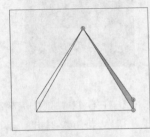

图 6-77　添加形状提示点 1　　　　　图 6-78　添加形状提示点 2

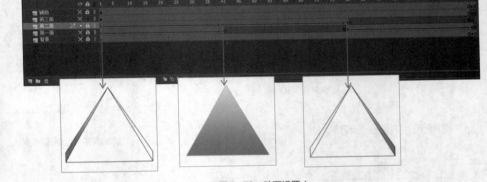

图 6-79　动画设置 1

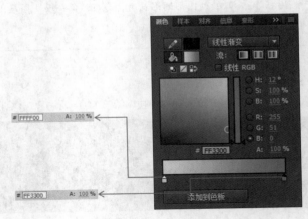

图 6-80　色彩设置 1

步骤⑤ 制作"第三面"图层上的动画，方法也与制作"第一面"图层上的动画相似，这里给出相关信息，动画设置如图 6-81 所示。其色彩设置如图 6-82 所示。

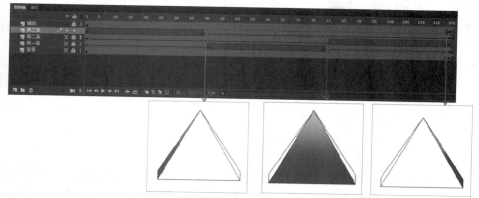

图 6-81 动画设置 2

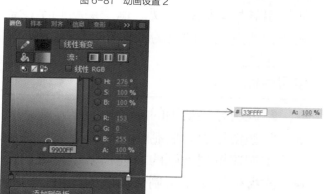

图 6-82 色彩设置 2

步骤⑥ 保存测试影片，动画制作完成。

6.5 习题

1. 简要说明补间动画的原理。
2. 简要说明补间动画的用途。
3. 说明补间动画和传统补间动画的区别。
4. 什么是形状提示，有何用途？
5. 列举制作补间动画时对象上可以变化的内容。

07

第 7 章
制作图层动画

在实际应用中，常需要制作大量的曲线运动动画，有时甚至需要让物体按照预先设定的复杂路径（轨迹）运动，这时可使用引导层动画来实现。遮罩层动画至少需要两个图层相互配合，透过上一图层的图形显示下面图层的内容。

学习目标

✔ 掌握引导层动画的原理和创建方法。
✔ 掌握使用引导层制作动画的技巧。
✔ 掌握遮罩层动画的原理和创建方法。
✔ 掌握使用遮罩层制作动画的技巧。

7.1　制作引导层动画

【知识解析】

引导层动画是 Animate CC 2017 中一种重要的动画类型，可以引导对象沿着特定路径运动。

7.1.1　引导层动画制作原理

制作一个引导层动画需要至少两个图层配合作用，上面的图层是引导层，下面的图层是被引导层。

1. 引导层和被引导层

在选定图层（例如"图层 1"）上单击鼠标右键，在弹出的快捷菜单中选择【引导层】或【添加传统运动引导层】命令，可以用两种不同的方式创建引导层动画，如图 7-1 所示。

（1）使用【引导层】命令

将"图层 1"转换为引导层，如果要将其他图层（如"图层 2"）转换为被引导层需将"图层 2"拖到"图层 1"的下面，当引导层的图标从 变为 时释放鼠标，即可将其转换为被引导层。图 7-2 所示的"图层 1"是引导层，"图层 2"是被引导层。

> **提示**
>
> 如果"图层 2"本来就在"图层 1"下方，只需将其拖动到"图层 1"名称下，待出现一条黑线时释放鼠标即可，如图 7-3 所示。

图 7-1　选择命令

图 7-2　创建引导层 1

图 7-3　创建引导层 2

（2）使用【添加传统运动引导层】命令

此时，"图层 1"将转换为被引导层，并在"图层 1"上新建一个引导层，如图 7-4 所示。

（3）取消引导层或被引导层

如要取消引导层或被引导层，可在引导层或被引导层上单击鼠标右键，在弹出的快捷菜单中选择【属性】命令打开【图层属性】对话框，然后设置【类型】为"一般"，单击 ■确定■ 按钮即可，如图 7-5 所示。

> **提示**
>
> 也可以在引导层上单击鼠标右键，在弹出的快捷菜单中单击【引导层】选项，去掉该选项前面的"√"符号。一旦将引导层转换为普通图层，被引导层自动变为普通图层。

 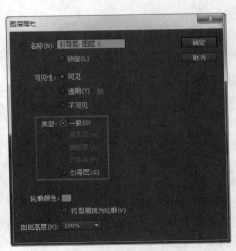

图 7-4　新建引导层　　　　　　　　　　图 7-5　【图层属性】对话框

2. 引导层动画原理

引导层上的路径必须是使用【钢笔】工具 ✐、【铅笔】工具 ✐、【线条】工具 ╱、【椭圆】工具 ◯、【矩形】工具 ▢ 或【画笔】工具 🖌 所绘制的曲线。

引导层动画与逐帧动画和传统补间动画不同，它通过在引导层上添加线条作为被引导层上元件的运动轨迹，从而实现对被引导层上对象的路径约束。

图 7-6 所示为被引导层上小球在第 1 帧和第 50 帧处的位置。图 7-7 所示为小球的全部运动轨迹，通过观察可以很清晰地发现引导层的引导功能。

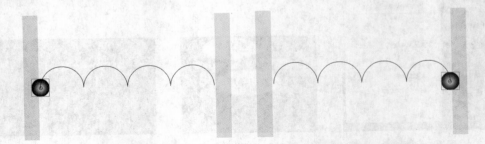

　　　小球在第 1 帧处的位置　　　　　　　　　　　小球在第 50 帧处的位置

图 7-6　被引导层上小球的位置

制作引导层动画时，要注意以下要点。

① 引导层上的路径在发布后并不会显示出来，只是作为被引导对象的运动轨迹。

② 被引导层上被引导的图形必须是元件，而且必须创建传统补间动画。

③ 需要将元件在关键帧处的"变形中心"设置到引导层的路径上，才能成功创建引导层动画。

3. 多层引导动画

将普通图层拖动到引导层或被引导层的下面，即可将普通图层转化为被引导层。在一个引导层动画中，引导层只能有一个，而被引导层可以有多个。图 7-8 所示的"图层 1"为引导层，其余的所有图层都是被引导层。

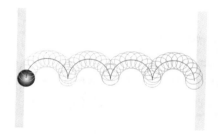

图 7-7　小球的全部运动轨迹

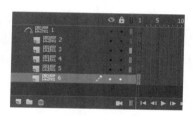

图 7-8　多层引导

7.1.2　基础训练——制作"街头篮球"

篮球是目前世界上最受欢迎的体育项目之一。本案例将使用引导层动画来制作"街头篮球"投篮效果，其制作思路和效果如图 7-9 所示。

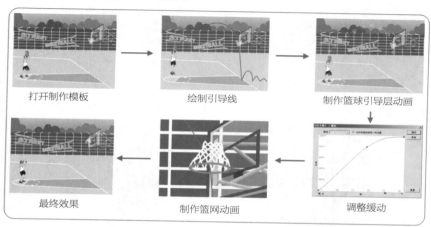

微课：制作"街头篮球"

扫码看彩图

图 7-9　制作思路和效果

【操作要点】

1. 使用模板

步骤❶ 创建图层。

① 打开素材文件"素材\第 7 章\街头篮球\街头篮球.fla"，如图 7-10 所示。

② 创建的图层如图 7-11 所示。

图 7-10　打开素材文件

图 7-11　创建的图层

步骤② 了解素材。

① 双击"男孩"元件，观察前 5 帧的动画，如图 7-12 所示。

在第 4 帧处，男孩手中的篮球消失了，在第 5 帧处，男孩做出了一个投篮的动作，从而可以推断出，引导层动画应该从第 4 帧开始，并且篮球的位置要根据第 4 帧男孩的手的位置来确定。

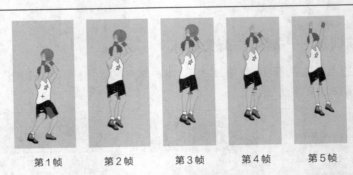

第 1 帧　　　第 2 帧　　　第 3 帧　　　第 4 帧　　　第 5 帧

图 7-12　"男孩"元件前 5 帧的动画

② 返回主场景观察整个舞台，图层分析如图 7-13 所示，可以发现若进球则篮球在运动过程中要经过"男孩的手""篮筐""球网"3 个对象。

图 7-13　图层分析

根据视角分析，可以判定引导层应该创建在"男孩""篮筐前沿""球网"3 个元件所在图层的下面，且在"篮板""地板""篮筐后沿"3 个元件所在图层的上面。

2. 制作引导层动画

步骤① 创建引导层。

① 锁定所有图层。

② 在"篮板"图层上新建图层并重命名为"引导层"，如图 7-14 所示。

③ 根据前面的分析，在时间轴的第 4 帧处插入关键帧。

图 7-14　新建引导层

K

步骤② 绘制路径。

① 选择【线条】工具。

② 在其【属性】面板中设置【笔触颜色】为"红色",【笔触高度】为"1.00"。

③ 结合【选择】工具在"引导层"图层第4帧处绘制篮球运动轨迹,属性设置与绘制篮球运动轨迹如图7-15所示。

图7-15 属性设置与绘制篮球运动轨迹

步骤③ 帧操作。

① 在"引导层"图层下面新建图层并重命名为"篮球"。

② 在第4帧处插入关键帧。

③ 将"篮球"元件（在"男孩"元件中）从【库】面板中拖动到"篮球"图层上,如图 7-16所示。

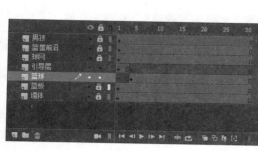

图层信息　　　　　　　　　　　　　　　　　拖入"篮球"元件

图7-16 将"篮球"元件拖动到"篮球"图层上

步骤④ 创建动画。

① 在"篮球"图层的第30帧处插入关键帧。

② 在第4帧~第30帧创建传统补间动画。

③ 单击【贴紧至对象】按钮,使用【选择】工具设置篮球在第 4 帧的位置到引导线的最左端。

④ 设置篮球在第30帧的位置到引导线的最右端,并确保"篮球"元件的"变形中心"一定要在引导线上,如图7-17所示。

步骤⑤ 创建引导层和被引导层。

① 在"引导层"图层上单击鼠标右键，在弹出的快捷菜单中选择【引导层】命令，将其转化为引导层。

② 将"篮球"图层拖动到"引导层"图层的下面，将其转换为被引导层，如图 7-18 所示。

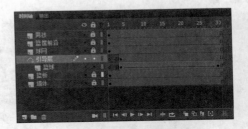

第 1 帧处篮球的位置　　第 30 帧处篮球的位置
图 7-17　设置篮球的位置　　　　　　　　　图 7-18　转换为被引导层

3. 完善引导层动画

 按 Ctrl+Enter 组合键测试观看影片，发现篮球的"运动"过程显得十分僵硬，没有速率变化，和真实的篮球的运动过程差别很大，需要对其进行缓动设置。

步骤① 调整篮球运动速率。

① 选中"篮球"图层上的第 4 帧。

② 在【属性】面板中单击 按钮，打开【自定义缓入/缓出】对话框。

③ 调整篮球运动速率，如图 7-19 所示。

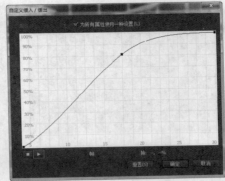

图 7-19　调整篮球运动速率

 通常情况下，篮球在被投出去之后，还会具有相对于投球人手的反转运动。

④ 在【属性】面板中设置【旋转】选项为"逆时针"，在其后输入"5"，如图 7-20 所示。

<table>
<tr><td>提
示</td><td>再次测试观看影片，篮球的运动过程变真实了，但是发现篮球在穿越"球网"的时候球网没有任何的变化，这是不符合实际情况的，如图 7-21 所示。通常情况下，篮球在穿越球网的时候，球网都会受篮球影响而"运动"。</td></tr>
</table>

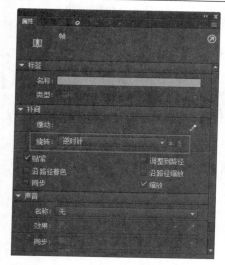

图 7-20 设置参数

第 13 帧处篮球的位置　　　　　　　第 14 帧处篮球的位置

图 7-21 篮球穿越效果

步骤❷ 优化运动效果。

① 在"球网"图层的第 13 帧、第 14 帧和第 15 帧处插入关键帧。

② 调整第 14 帧处的球网形状，球网动态效果如图 7-22 所示。

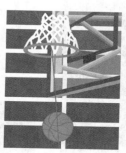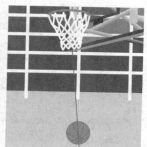

第 13 帧处球网的形状　　　　第 14 帧处球网的形状　　　　第 15 帧处球网的形状

图 7-22 球网动态效果

步骤❸ 保存测试影片，一个十分真实、完美的"街头篮球"效果就制作完成了。

7.1.3 提高训练——制作"蝴蝶戏花"

翩翩起舞的蝴蝶是春天的"精灵"，艳丽的花朵是蝴蝶的最爱。在本案例中，将使用引导层动画模拟"蝴蝶戏花"的艺术特效，其制作思路和效果如图 7-23 所示。

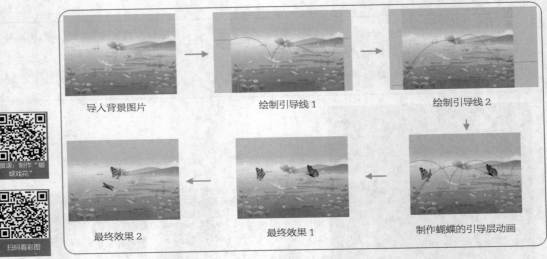

导入背景图片　　　　　绘制引导线 1　　　　　绘制引导线 2

最终效果 2　　　　　最终效果 1　　　　制作蝴蝶的引导层动画

图 7-23　制作思路和效果

【操作要点】

1. 导入素材布置场景

步骤① 新建一个 ActionScript 3.0 文档。

① 设置文档大小，宽、高为"600 像素×450 像素"。

② 设置【FPS】（帧频）为"12.00"。

③ 其他文档属性使用默认参数，如图 7-24 所示。

④ 新建并命名图层，如图 7-25 所示。

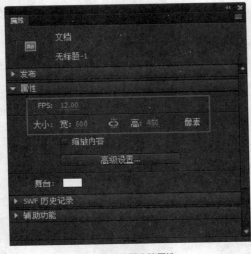

图 7-24　设置文档属性

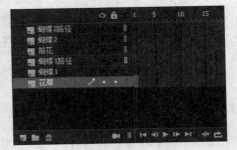

图 7-25　新建并重命名图层

步骤② 导入文件。

① 选择菜单命令【文件】/【导入】/【打开外部库】，打开素材文件"素材\第 7 章\蝴蝶戏花\蝴蝶戏花.fla"。

② 将"蝴蝶 1""蝴蝶 2""前面花""花草"元件复制到当前【库】面板，如图 7-26 所示。

步骤③ 创建实例。

① 关闭外部库。

② 将"花草"元件拖入"花草"图层，并使其相对舞台居中对齐且刚好覆盖整个舞台，如图 7-27 所示。

③ 锁定"花草"图层。

步骤④ 搭建场景。

① 将"前面花"元件拖入"前花"图层，如图 7-28 所示。

② 锁定"前花"图层，场景搭建完成。

图 7-26　将元件复制到当前【库】面板

图 7-27　拖入"花草"元件

图 7-28　拖入"前面花"元件

2. 制作蝴蝶飞舞效果

步骤① 在"蝴蝶 1 路径"图层上绘制图 7-29 所示的路径。

 提示

这里设计"蝴蝶 1"从舞台右边飞入，然后从"前面花"的后面飞过，停在一朵花儿上，最后飞出舞台。

步骤② 创建实例。

① 将"蝴蝶 1"元件拖入"蝴蝶 1"图层。

② 使用【任意变形】工具设置其"变形中心"到蝴蝶头部位置，如图 7-30 所示。

图 7-29　绘制"蝴蝶 1"路径

图 7-30　设置"蝴蝶 1"元件的"变形中心"

提示

　　该路径的重要特点是曲线的开始部分和结尾部分都是直线，而中间在场景中的部分为曲线，这样绘制的好处在于能更好地控制被引导元件的旋转方向。

③ 使用【选择】工具，将"蝴蝶1"元件移动到"蝴蝶1路径"图层的最右端，如图7-31所示。

步骤③ 插入关键帧。

① 在所有图层的第170帧处插入帧。

② 在"蝴蝶1"图层的第100帧处插入关键帧。

③ 在第100帧处放置"蝴蝶1"元件到图7-32所示的位置。

④ 在第120帧处插入关键帧。

⑤ 在第170帧处插入关键帧。

⑥ 设置"蝴蝶1"元件在第170帧处的位置和大小，如图7-33所示。

提示

　　此时缩小"蝴蝶1"元件是为了表现蝴蝶飞远的效果。至此，"蝴蝶1"元件飞舞的几个重要位置就设置完成了。

图7-31　调整"蝴蝶1"元件的　　　图7-32　"蝴蝶1"元件在第100帧　图7-33　设置"蝴蝶1"元件在第170帧处
　　　　　位置到最右端　　　　　　　　　　处的位置　　　　　　　　　　　的位置和大小

步骤④ 创建传统补间动画。

① 在"蝴蝶1"图层的第1帧~第100帧创建传统补间动画。

② 在"蝴蝶1"图层的第120帧~第170帧创建传统补间动画，时间轴状态如图7-34所示。

图7-34　时间轴状态

步骤⑤ 制作引导层动画。

① 将"蝴蝶1路径"图层转换为引导层。

② 将"蝴蝶1"图层转换为"蝴蝶1路径"图层的被引导层。

③ 测试影片，可以看到"蝴蝶1"的飞舞动画制作完成了，如图7-35所示。

图 7-35　"蝴蝶 1"的飞舞动画

步骤⑥ 制作"蝴蝶 2"元件动画。

① "蝴蝶 2"元件的制作方法和"蝴蝶 1"元件的制作方法完全相同。

② 以下给出"蝴蝶 2"元件的飞舞路径和"蝴蝶 2"元件在关键帧处的位置，由读者独立完成其制作，"蝴蝶 2"元件的信息如图 7-36 和图 7-37 所示。

图 7-36　"蝴蝶 2"元件的信息 1　　　　　图 7-37　"蝴蝶 2"元件的信息 2

步骤⑦ 保存测试影片，美丽的"蝴蝶戏花"制作完成，"蝴蝶戏花"效果如图 7-38 所示。

图 7-38　"蝴蝶戏花"效果

7.2　制作遮罩层动画

【知识解析】

遮罩层动画是 Animate CC 2017 中另一种重要的图层动画，可以在图层之间建立局部遮挡效果。

7.2.1　遮罩层动画制作原理

与普通图层不同，在具有遮罩层的图层中，只有透过遮罩层上的形状才可以看到被遮罩层上的内容。

1. 遮罩原理

在"图层 2"上放置一幅图像（背景图），在"图层 1"上绘制一个花朵。在没有创建遮罩层之前，花朵遮挡了与背景图重叠的区域，遮罩前的效果如图 7-39 所示。

将"图层 1"转换为遮罩层之后，可以透过遮罩层（"图层 1"）上的花瓣看到被遮罩层（"图层 2"）中与背景图重叠的区域，遮罩后的效果如图 7-40 所示。

图 7-39　遮罩前的效果　　　　　　　　　　　图 7-40　遮罩后的效果

2. 创建遮罩层

一个遮罩效果的实现至少需要两个图层，上面的图层（"图层 1"）是遮罩层，下面的图层（"图层 2"）是被遮罩层，如图 7-41 所示。

要创建遮罩层，可以在选定的图层上单击鼠标右键，在弹出的快捷菜单中选择【遮罩层】命令即可，如图 7-42 所示。

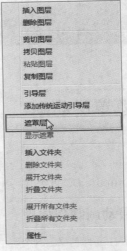

图 7-41　两个图层的遮罩　　　　　　　　图 7-42　选择【遮罩层】命令

提示

遮罩层中的对象必须是色块、文字、符号、影片剪辑元件、按钮或群组对象，而被遮罩层中的对象不受限制。

3. 多层遮罩动画原理

将普通图层拖动到遮罩层或被遮罩层的下面，即可将普通图层转换为被遮罩层。在一组遮罩中，遮罩层只能有一个，而被遮罩层可以有多个，这就是多层遮罩。图 7-43 所示的"图层 1"为遮罩层，其余的所有图层都是被遮罩层。

图 7-43　多层遮罩

7.2.2　基础训练——制作"仙境小溪"

本案例通过有一定间隙的阵列矩形遮罩来显示小溪的部分图形，通过动静结合的方式模拟流水效果，再通过导入配合场景的素材，制作一个梦幻的仙境小溪效果，制作思路和效果如图 7-44 所示。

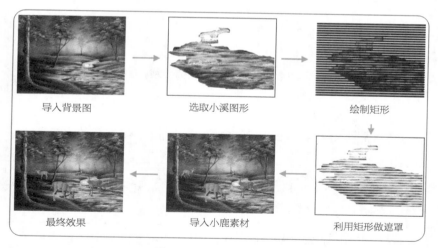

导入背景图　　　　　选取小溪图形　　　　　绘制矩形

最终效果　　　　　导入小鹿素材　　　　　利用矩形做遮罩

微课：制作"仙境小溪"

扫码看彩图

图 7-44　制作思路和效果

【操作要点】

1. 导入背景图

步骤① 新建一个 ActionScript 3.0 文档。

① 设置文档宽、高为"800 像素×600 像素"。

② 设置【FPS】（帧频）为"12"。

③ 其他属性保持默认设置。

④ 新建并命名图层，如图 7-45 所示。

步骤② 导入背景图。

① 选中"背景图"图层。

② 选择菜单命令【文件】/【导入】/【导入到舞台】，将素材文件"素材\第 7 章\仙境小溪\小溪.bmp"导入舞台。

③ 确认图片的位置坐标 X、Y 都为"0"，使其刚好覆盖整个舞台，导入背景图效果如图 7-46 所示。

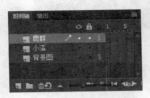

图 7-45　新建并命名图层　　　　　　　图 7-46　导入背景图效果

2. 制作动态小溪

步骤① 复制对象。

① 按 Ctrl+C 组合键复制"背景图"图层上的图片。

② 隐藏"背景图"图层。

③ 选中"小溪"图层，按 Ctrl+Shift+V 组合键将图片粘贴到"小溪"图层上。

步骤② 选取图形。

① 按 Ctrl+B 组合键将图片打散。

② 使用【套索】工具 选择小溪部分，删除多余部分得到图 7-47 所示流水部分。

　　　可以先使用【套索】工具 选出小溪的大致形状，再配合使用【橡皮擦】工具 将多余部分擦除掉，从而达到比较精致的效果。

③ 按 F8 键将小溪图形转化为影片剪辑元件，并命名为"小溪"，如图 7-48 所示。

图 7-47　新建流水部分　　　　　　　　图 7-48　新建元件

④ 单击 确定 按钮创建元件,在【库】面板"小溪"元件上单击鼠标右键,在弹出的快捷菜单中选择【编辑】命令进行编辑。

⑤ 选中"小溪"图形,在【属性】面板【位置和大小】设置"小溪"图形的位置坐标 X、Y 分别为"0""2"。

> **思考**
>
> 这里为什么要将"小溪"图形向舞台下方移动两个像素的位置?

步骤③ 创建图层。

① 将默认"图层 1"重命名为"图片",并锁定"图片"图层。

② 新建一个图层并命名为"遮罩",如图 7-49 所示。

步骤④ 绘制矩形。

① 使用【矩形】工具 ■ 在"遮罩"图层上绘制长、宽分别为"500"和"7"的矩形。

② 复制出若干矩形得到图 7-50 所示的遮罩元素效果。

③ 选中绘制的所有矩形,将其转换为影片剪辑元件,并命名为"遮罩"。

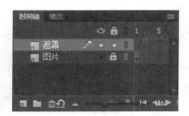

图 7-49　新建并重命名图层

图 7-50　遮罩元素效果

步骤⑤ 帧操作。

① 在"图片"图层的第 30 帧处插入帧。

② 在"遮罩"图层的第 30 帧处插入关键帧。

③ 设置"遮罩"元件在第 1 帧处的位置坐标 X、Y 分别为"-50.0"和"-55.0"。

④ 设置第 30 帧处的位置坐标 X、Y 分别为"-50.0"和"-25.0",设置"遮罩"图层的效果如图 7-51 所示。

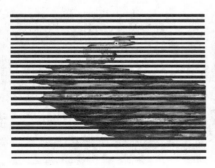

第 1 帧处效果

第 30 帧处效果

图 7-51　设置"遮罩"图层的效果

步骤⑥ 创建动画。

① 在"遮罩"图层的第 1 帧~第 30 帧创建传统补间动画。

② 将"遮罩"图层转换为遮罩层，遮罩层效果如图 7-52 所示。

③ 保存测试影片，得到图 7-53 所示的水流效果。

④ 观看影片后发现，整个场景没有其他动物活动，显得比较单调，还需要读者继续添加其他动画元素。

图 7-52　遮罩层效果

图 7-53　水流效果

3. 导入鹿群

步骤① 激活图层。

① 返回主场景。

② 锁定"背景图"图层和"小溪"图层。

③ 单击"鹿群"图层使其处于编辑状态，此时图层效果如图 7-54 所示。

图 7-54　图层效果

步骤② 导入文件。

① 选择菜单命令【文件】/【导入】/【打开外部库】，导入素材文件"素材\第 7 章\仙境小溪\小鹿.fla"，如图 7-55 所示。

② 将"鹿群"元件拖入"鹿群"图层，并调整其位置，如图 7-56 所示。

图 7-55　导入素材文件

图 7-56　导入"鹿群"元件

步骤③ 导入音频。

① 选择菜单命令【文件】/【导入】/【导入到库】，导入素材文件"素材\第 7 章\仙境小溪\水声.wav"到【库】面板中。

② 选中"小溪"图层的第 1 帧，在【属性】面板【声音】参数组中进行图 7-57 所示的设置，将水声加入动画中。

步骤④ 保存测试影片，一个梦幻般的场景，一条潺潺的小溪，一群悠闲的小鹿就呈现在眼前了。

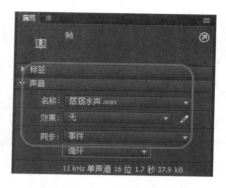

图 7-57 设置音效参数

7.2.3 提高训练——制作"动态影集"

切换效果的应用十分广泛，在影视作品、商业网站甚至公司宣传广告中都经常使用。在本案例中，将讲述如何使用遮罩动画来制作一个动态影集，创建出图 7-58 所示的效果。

图 7-58 效果

【操作要点】

由于本案例的练习重点是为遮罩层动画制作切换效果，所以本书提供制作模板，读者只需完成切换效果的制作部分。

1. 打开文件

步骤① 打开素材文件"素材\第 7 章\动态影集\动态影集.fla"。

步骤② 按 Ctrl+Enter 组合键测试播放影片，如图 7-59 所示。

步骤③ 发现每隔 100 帧文字和编号就变化一次，但图片内容没有变化，图片的切换效果由用户制作。

2．元件转换

步骤① 单击"切换效果"图层的第 1 帧。

步骤② 按 F8 键将其转换为影片剪辑元件并命名为"切换效果"。

3．编辑元件

步骤① 在【库】面板中的"切换效果"元件上单击鼠标右键，在弹出的快捷菜单中选择"编辑"命令，进入元件编辑状态。

步骤② 将默认的"图层 1"重命名为"女孩 1"，并在

图 7-59　测试播放影片

第 400 帧处插入帧，新建并命名图层直至得到图 7-60 所示的图层效果。

4．绘制图形

步骤① 在"切换 1"图层上绘制一个花瓣图形，如图 7-61 所示。

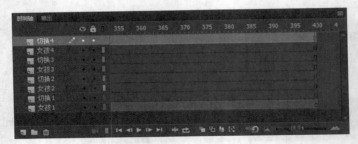

图 7-60　图层效果

图 7-61　绘制花瓣图形

步骤② 选中绘制的花瓣图形，将其转换为影片剪辑元件并命名为"花瓣"。

步骤③ 返回主场景，使用【任意变形】工具 ，将其"变形中心"设置到图 7-62 所示的位置。

5．复制图形

步骤① 在【变形】面板中设置【旋转】为"45.0°"，如图 7-63 所示。

步骤② 连续 7 次单击【重制选区和变形】按钮 ，复制出 7 个花瓣，如图 7-64 所示。

图 7-62　设置"变形中心"

图 7-63　【变形】面板

图 7-64　复制花瓣

6．转换元件

步骤① 选中舞台上的 8 个花瓣，将其转换为一个影片剪辑元件，并命名为"切换 1"。

步骤② 依次双击元件，直至进入"花瓣"元件的编辑模式，如图 7-65 所示。

步骤③ 在当前图层的第 20 帧处插入关键帧，并设置第 20 帧处的花瓣大小，如图 7-66 所示。

图 7-65 进入"花瓣"元件的编辑模式

图 7-66 调整花瓣大小

7. 创建动画

步骤① 在"图层 1"图层的第 1 帧和第 20 帧创建补间形状动画，如图 7-67 所示。

步骤② 返回到"切换效果"元件进行编辑。

步骤③ 将"切换 1"图层转换为遮罩层，如图 7-68 所示。

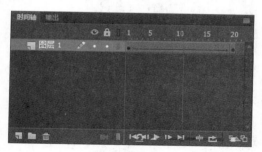

图 7-67 创建补间形状动画

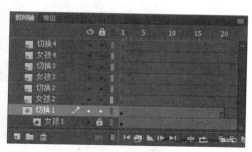

图 7-68 转换为遮罩层

步骤④ 在第 21 帧处插入空白关键帧。

步骤⑤ 按 Ctrl+Enter 组合键测试播放影片，观看效果如图 7-69 所示。

图 7-69 观看效果

> 至此，第一个图片的切换效果就制作完成了，制作切换效果的方法演示完毕。接下来请读者使用【库】面板中的"女孩"元件对应"切换效果"元件内部的图层进行切换效果制作，最终"切换效果"元件内的图层信息如图 7-70 所示。下面为读者提供剩余的 3 种切换效果，如图 7-71 所示。希望读者能根据自己的创意制作出更多、更好的切换效果。

图 7-70　图层信息

圆切换

方块切换

波浪切换

图 7-71　切换效果

7.3 综合应用——制作"梦幻卷轴"

本例将使用遮罩动画制作一个卷轴展开的效果，其制作方法和效果如图 7-72 所示。

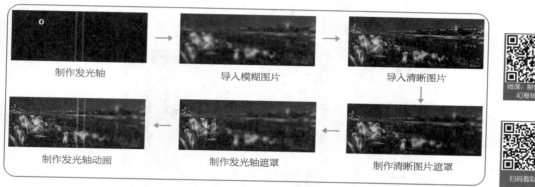

图 7-72 制作方法和效果

【操作要点】

1. 制作发光轴

步骤❶ 新建一个 ActionScript 3.0 文档。

① 设置文档尺寸为"650 像素×250 像素"。

② 设置【FPS】（帧频）为"30.00"，颜色为"黑色"。

③ 其他属性保持默认，设置参数如图 7-73 所示。

步骤❷ 创建影片剪辑元件。

① 新建一个影片剪辑元件，并命名为"发光轴"，如图 7-74 所示。

② 单击 确定 按钮进入"发光轴"元件的编辑模式进行编辑。

图 7-73 设置参数

图 7-74 创建新元件

步骤❸ 绘制矩形。

① 使用【矩形】工具绘制一个矩形。

② 设置其宽、高分别为"40""250"。

③ 设置位置坐标 X、Y 分别为"0""0"，绘制发光轴如图 7-75 所示。

④ 在【颜色】面板中设置其【笔触颜色】为"无"，【填充颜色】为"线性渐变"。

⑤ 设置从左至右第 1 个色块为"白色"且【Alpha】为"50%"。

⑥ 设置从左至右第 2 个色块为"白色"且【Alpha】为"0%"。

⑦ 设置从左至右第 3 个色块为"白色"且【Alpha】为"0%"。

⑧ 设置从左至右第 4 个色块为"白色"且【Alpha】为"50%"，设置渐变色如图 7-76 所示。

至此，发光轴效果制作完成，返回主场景。

图 7-75　绘制发光轴　　　　　　　　　　图 7-76　设置渐变色

2. 导入图片素材

步骤❶ 导入素材 1。

① 将主场景中的默认"图层 1"图层重命名为"模糊图片"。

② 选中"模糊图片"图层的第 1 帧。

③ 选择菜单命令【文件】/【导入】/【导入到舞台】，导入素材文件"素材\第 7 章\梦幻卷轴\模糊图片.jpg"，如图 7-77 所示。

此时图片刚好覆盖整个舞台。

步骤❷ 帧和图层操作。

① 在"模糊图片"图层的第 190 帧处插入帧。

② 在"模糊图片"图层上新建一个图层，并重命名为"清晰图片"。

步骤❸ 导入素材 2。

① 选中该图层的第 1 帧。

② 选择菜单命令【文件】/【导入】/【导入到舞台】，导入素材文件"素材\第 7 章\梦幻卷轴\清晰图片.jpg"，如图 7-78 所示。

图 7-77　导入模糊图片　　　　　　　　　　图 7-78　导入清晰图片

此时，图片刚好覆盖整个舞台。

3. 制作遮罩动画 1

步骤❶ 新建图层。

① 在"清晰图片"图层上新建一个图层并命名为"清晰图片遮罩"。

② 将"模糊图片"和"清晰图片"两个图层锁定并隐藏，如图 7-79 所示。

步骤❷ 绘制矩形。

① 选中【矩形】工具 。

② 设置【笔触颜色】为"无"，【填充颜色】为"蓝色"，宽、高为"1""250"，位置坐标 X、Y 都为"0"。

③ 在"清晰图片遮罩"图层上绘制一个矩形，如图 7-80 所示。

图 7-79　锁定并隐藏图层

图 7-80　绘制矩形

步骤❸ 帧操作。

① 在"清晰图片遮罩"图层的第 150 帧处插入关键帧。

② 将矩形的宽、高设置为"650""250"，刚好覆盖整个舞台，如图 7-81 所示。

图 7-81　修改第 150 帧处矩形的形状

步骤❹ 创建动画。

① 在"清晰图片遮罩"图层的第 1 帧~第 150 帧创建补间形状动画。

② 将"清晰图片遮罩"图层转换为遮罩层，遮罩效果如图 7-82 所示。

③ 单击"清晰图片遮罩"图层上第 1 帧~第 150 帧的任意一帧。

④ 在【属性】面板中设置【缓动】为"50"，如图 7-83 所示。

4. 制作遮罩动画 2

步骤❶ 图层操作。

① 在"清晰图片遮罩"图层上新建一个图层并命名为"清晰图片 2"。

② 将"清晰图片.jpg"导入该图层。

③ 设置其位置坐标 X、Y 都为"0"。

图 7-82　遮罩效果

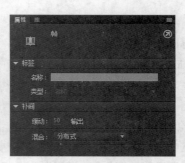

图 7-83　设置缓动参数

④ 选择菜单命令【修改】/【变形】/【水平翻转】，将图片翻转，如图 7-84 所示。

图 7-84　翻转图片

步骤❷ 创建影片剪辑元件。

① 选中"清晰图片 2"图层上的"清晰图片.jpg"，按 F8 键，将图片转换为影片剪辑元件，并命名为"清晰图片"。

② 显示并解锁其他图层。

步骤❸ 创建传统补间动画。

① 设置"清晰图片"元件在第 1 帧的位置坐标 X、Y 分别为"-610""0"。

② 在"清晰图片 2"图层的第 150 帧处插入关键帧。

③ 设置该帧处"清晰图片"元件的位置坐标 X、Y 分别为"650""0"。

④ 在第 1 帧~第 150 帧创建传统补间动画，并设置缓动参数为"50"。

⑤ 在"清晰图片 2"图层上新建图层并命名为"轴遮罩"。

⑥ 将"发光轴"元件拖入该图层。

⑦ 设置其位置坐标 X、Y 都为"0"，"发光轴"元件在第 1 帧的位置如图 7-85 所示。

图 7-85　"发光轴"元件在第 1 帧的位置

步骤❹ 帧操作。

① 在"轴遮罩"图层的第 150 帧处插入关键帧。

② 设置该帧处"发光轴"元件的位置坐标 X、Y 分别为"610""0","发光轴"元件在第 150 帧的位置如图 7-86 所示。

图 7-86 "发光轴"元件在第 150 帧的位置

③ 在第 1 帧~第 150 帧创建传统补间动画,并设置缓动参数为"50"。

步骤⑤ 转换图层。

① 在"轴遮罩"图层上新建图层并重命名为"发光轴"。

② 将"轴遮罩"图层上的所有帧复制到"发光轴"图层上。

③ 将"轴遮罩"图层转换为遮罩层,此时的图层效果如图 7-87 所示。

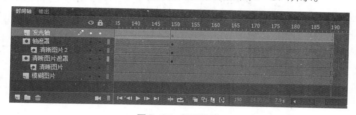

图 7-87 图层效果

④ 保存测试影片,美丽的"梦幻卷轴"效果就制作完成了,最终效果如图 7-88 所示。

图 7-88 最终效果

7.4 习题

1. 简要说明图层动画的主要类型和用途。

2. 什么是引导层?什么是被引导层?

3. 引导层动画的路径通常使用什么工具绘制?

4. 什么是遮罩层?什么是被遮罩层?

5. 遮罩层动画主要适合表现哪些动画效果?

08

第 8 章
制作骨骼动画

骨骼动画是 Flash 中较为特别的一类动画形式，它填补了其他动画形式的空缺，熟练地运用骨骼工具可解决许多动画制作的难题。本章将主要讲解骨骼动画的制作原理，并配以丰富的案例剖析，从而使读者牢固掌握骨骼动画的制作方法。

学习目标

- ✔ 掌握骨骼动画的原理。
- ✔ 掌握骨骼动画的创建方法。
- ✔ 掌握骨骼动画的制作技巧。

8.1 骨骼动画的制作原理

【知识解析】

骨骼动画是一种反向动力学（Inverse Kinematics，IK）动画，反向动力学相对于正向动力学（Forward Kinematics，FK），是以关节连接的物体由一组通过关节连接的刚性片段组成，运动以自由端为起始点，然后逐级传递到固定端。

8.1.1 使用【骨骼】工具

骨骼可搭建在元件上，也可搭建在形状内，可非常方便地创建出联动效果。就好像上臂运动会带动前臂运动，前臂运动又会使手跟着运动。

1. 认识骨骼动画的原理

图 8-1 所示的"肩"（圆形图案）和"上臂"（半椭圆形图案）分别为两个元件，中间由一根"骨骼"相连，移动骨骼右端使其绕左端旋转，便会带动"上臂"绕"肩"旋转。

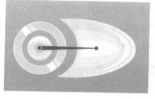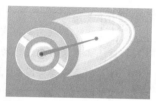

图 8-1 应用骨骼

骨骼的某一运动完成时所处的状态称为一个骨骼姿势，当在两个不同帧处建立不同的骨骼姿势后，便形成了骨骼动画，如图 8-2 所示。

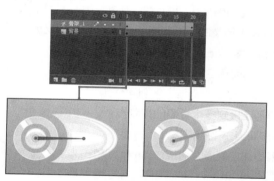

图 8-2 骨骼动画

> 一组 IK 骨骼链称为骨架。骨骼之间的连接点称为关节。在父子层次结构中，骨架中的骨骼彼此相连。骨架可以是线性的或分支的。源于同一骨骼的骨架分支称为同级。

2. 【骨骼】工具

通过【骨骼】工具 可以轻松创建人物动画，如胳膊的自然运动动画等。骨骼之间的连接点称为关节。在父子层次结构中，骨骼彼此相连。使用【骨骼】工具 可以向元件实例或形状添加骨骼。当骨骼移动时，与该骨骼相关的其他骨骼也会做相应移动。

① 创建元件实例骨

分别创建多个骨骼元件的实例，将其用关节连接起来。骨骼允许元件实例链一起移动。例如，可以创建一组影片剪辑元件，每个影片剪辑元件都表示人体的不同部分。通过将躯干、上臂、前臂和手链接在一起，可以创建逼真的运动的胳膊，元件实例骨架如图 8-3 所示。

图 8-3　元件实例骨架　　　图 8-4　形状对象骨架

② 创建形状对象骨架

首先在合并绘制模式或对象绘制模式下创建形状对象，然后向形状对象的内部添加骨架。通过骨骼可以移动形状对象的各个部分并对其进行动画处理，而无须绘制形状对象的不同版本或创建补间形状动画，形状对象骨架如图 8-4 所示。

 提示

在向元件实例或形状对象添加骨骼时，Animate CC 2017 将元件实例或形状对象以及关联的骨架移动到时间轴中的新图层。此新图层称为姿势图层，默认图层名称为"骨架_1"。每个姿势图层只能包含一个骨架及其关联的元件实例或形状对象。

3. 【绑定】工具

使用【绑定】工具🔘可以调整形状对象的各个骨骼和控制点之间的关系。默认情况下，形状对象的控制点连接到离它们最近的骨骼。使用【绑定】工具🔘可以编辑单个骨骼和控制点之间的连接情况，可以控制在每个骨骼移动时图形扭曲的方式以获得更满意的结果。

【绑定】工具🔘使用过程中涉及的图标如图 8-5 所示，其含义如下。

◎ 黄色加亮方形控制点：表示已连接当前骨骼的点。

◎ 红色加亮骨骼：表示当前选定的骨骼。

◎ 蓝色方形控制点：表示已经连接到某个骨骼的点。

◎ 三角形控制点：表示连接到多个骨骼的控制点。

【绑定】工具🔘的操作要点主要有以下几个方面。

◎ 若要向选定的骨骼添加控制点，请按住 Shift 键单击未加亮显示的控制点。也可以通过按住 Shift 键，同时按住鼠标左键并拖动鼠标来选择要添加到选定骨骼的多个控制点。

图 8-5　图标

◎ 若要从骨骼中删除控制点，请按住 Ctrl 键单击以黄色加亮显示的控制点。也可以通过按住 Ctrl 键，同时按住鼠标左键并拖动鼠标来删除选定骨骼中的多个控制点。

◎ 同理，若要向选定的控制点添加其他骨骼，请按住 Shift 键单击骨骼。若要从选定的控制点中删除骨骼，按住 Ctrl 键单击以黄色加亮显示的骨骼。

4. 运动约束

试着将手指向手背弯曲，你会发现这根手指弯到一定程度后再也无法继续，这是手指的骨骼受到约束。若要创建更逼真的骨骼动画，可以控制骨骼的运动自由度。

选定骨骼后，在【属性】面板中设置【联接:旋转】【联接:X 平移】【联接:Y 平移】选项，如图 8-6 所示。

提示

可以启用、禁用和约束骨骼的旋转及其沿 X 轴或 Y 轴的运动。默认情况下，启用骨骼旋转，而禁用 X 轴和 Y 轴平移。启用 X 轴或 Y 轴平移时，骨骼可以不限度数地沿 X 轴或 Y 轴移动，而且父级骨骼的长度将随之改变以适应运动。

（1）旋转约束

正如手指的运动，旋转约束定义骨骼旋转角度的范围，可以在【属性】面板的【联接:旋转】参数组中输入旋转的最小度数和最大度数。

选中需要约束的骨骼，在【属性】面板【联接:旋转】参数组中勾选【启用】和【约束】复选框，设置【左偏移】值和【右偏移】值，旋转约束如图 8-7 所示。

图 8-6 在【属性】面板设置相关选项

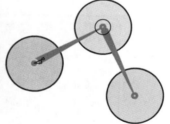

图 8-7 旋转约束

提示

对骨骼启用旋转约束后，会在根关节处出现用于旋转的操控手柄，读者可尝试使用。

（2）X 平移约束

针管的活塞不能无限制地下按，也不能无限制地抽出（除非打算将其破坏），这就是一种平移的约束。选中需要约束的骨骼，在【属性】面板【联接：X 平移】参数组中勾选【启用】和【约束】复选框，设置【左偏移】值和【右偏移】值，X 平移约束如图 8-8 所示。

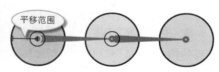

图 8-8 X 平移约束

> **提示** 对骨骼启用 X 平移约束后，会在根关节处产生一条线段，用于标注在 X 轴上平移的范围。

（3）Y 平移约束

Y 平移约束与 X 平移约束的启用方法相同，不同的是 X 平移约束控制骨骼的 X 轴向平移，Y 平移约束控制骨骼的 Y 轴向平移，Y 平移约束如图 8-9 所示。

图 8-9　Y 平移约束

8.1.2　基础训练——制作"心随我动"

本例将使用【骨骼】工具来制作"心随我动"的动画效果，制作思路和效果如图 8-10 所示。

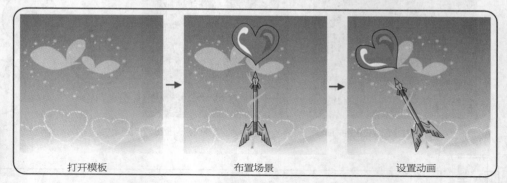

打开模板　　　布置场景　　　设置动画

图 8-10　制作思路和效果

【操作要点】

1. 搭建骨骼

步骤① 打开素材。

① 打开素材文件"素材\第 8 章\心随我动\心随我动.fla"，模板场景如图 8-11 所示。

② 【库】面板如图 8-12 所示。

③ 在"背景"图层之上新建一个图层并重命名为"主体"，图层信息如图 8-13 所示。

图 8-11　模板场景

图 8-12　【库】面板

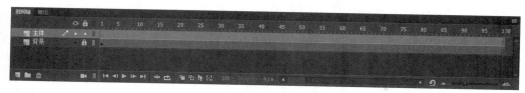

图 8-13　图层信息

步骤② 创建骨骼。

① 将【库】面板中的"箭"元件和"心"元件拖入"主体"图层，放置到合适的位置，场景效果如图 8-14 所示。

② 选择【骨骼】工具 。

③ 在"箭"元件尾部靠近翅膀的位置按住鼠标左键，将其拖放到"心"元件的中心位置，释放鼠标。

④ 这样便在两个元件之间搭建了骨骼，如图 8-15 所示。

图 8-14　场景效果　　　　　　　　图 8-15　建立骨骼

为使读者阅读方便，图 8-15 中的骨骼特意调整为以灰白显示，后续图中的骨骼为默认状态未做调整。

骨骼建立完成后，连接在骨架中的所有元件将被转移到 Animate CC 2017 自动建立的姿势图层中，即图 8-16 所示的"骨架_1"图层。此时，"主体"图层已失去作用，可将其删除。

图 8-16　"骨架_1"图层

2. 建立骨骼动画

步骤① 属性设置。

① 使用【选择】工具 选中骨骼。

② 在【属性】面板的【联接：旋转】参数组中勾选【约束】复选框。

③ 设置【左偏移】值为"-30°"、【右偏移】值为"30°"，如图 8-17 所示。

④ 激活【联接：旋转】参数组中的【约束】后，骨骼的根部将以弧度的形式显示旋转范围，并有"旋转操纵点"，旋转约束如图 8-18 所示。

> 提示
>
> 读者可直接按住"旋转操纵点"对骨骼进行旋转操作。读者可尝试使用 X 平移约束和 Y 平移约束，操作方法与使用旋转约束类似。

步骤② 旋转骨骼。

① 在"骨架_1"图层的第 1 帧处，使用【选择】工具 将骨骼旋转至最左边，建立第 1 帧的骨骼姿势，如图 8-19 所示。

② 使用同样的方法将第 25 帧处的骨骼旋转至最右边，建立第 25 帧的骨骼姿势，如图 8-20 所示。

图 8-17　骨骼【属性】面板

图 8-18　旋转约束

图 8-19　建立第 1 帧的骨骼姿势　　图 8-20　建立第 25 帧的骨骼姿势

> 提示
>
> 读者在对骨骼进行旋转时，可对"心"元件做适当的旋转，使得"心"的运动更富动感。

③ 使用同样的方法建立第 50 帧、第 75 帧、第 100 帧的骨骼姿势，如图 8-21 所示。

建立第 50 帧的骨骼姿势　　　　建立第 75 帧的骨骼姿势　　　　建立第 100 帧的骨骼姿势

图 8-21　建立骨骼姿势

步骤③ 保存测试影片，一个"心随我动"的动画效果制作完成。

8.1.3 提高训练——制作"磁力手臂"

骨骼动画在实际中的应用将会有更多的发展，接下来为读者介绍一种骨骼动画的应用形式。本案例将使用骨骼动画制作一个具有磁力的机械手臂效果，制作思路和效果如图 8-22 所示。

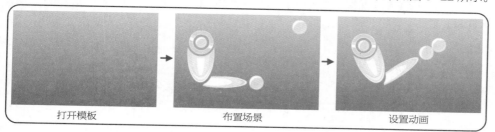

图 8-22　制作思路和效果

【操作要点】

1. 创建手臂

步骤❶ 打开素材。

① 打开素材文件"素材\第 8 章\磁力手臂\磁力手臂.fla"，模板场景如图 8-23 所示。

② 【库】面板如图 8-24 所示。

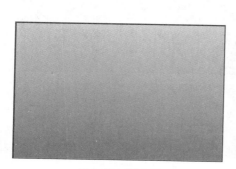
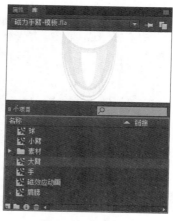

图 8-23　模板场景

图 8-24　【库】面板

步骤❷ 新建图层。

① 在"背景"图层上新建并命名图层。

② 图层信息如图 8-25 所示。

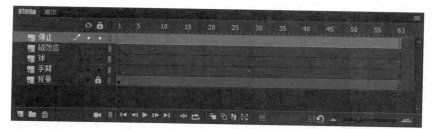

图 8-25　图层信息

步骤③ 创建骨骼。

① 选择"手臂"图层。

② 将【库】面板中的"肩""上臂""前臂"元件拖入舞台，调整好机械手臂的位置。

③ 单击"球"图层，从【库】面板中拖入两个"球"元件放在舞台上，调整位置如图 8-26 所示。

2. 创建骨骼动画

步骤① 搭建骨骼。

① 选择【骨骼】工具。

② 在"肩""上臂""前臂""球"元件之间搭建骨骼，如图 8-27 所示。

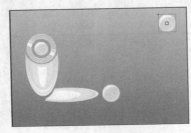

图 8-26 调整位置

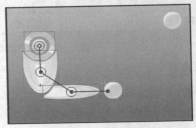

图 8-27 搭建骨骼

③ 此时搭建骨骼的图层信息如图 8-28 所示。

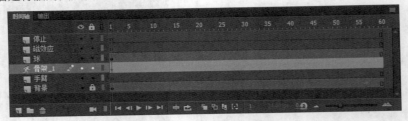

图 8-28 搭建骨骼的图层信息

步骤② 调整骨骼。

① 单击"骨架_1"图层的第 20 帧。

② 在【工具】面板中单击【选择】工具，拖动骨骼建立骨骼姿势，如图 8-29 所示。

步骤③ 创建动画。

① 在"球"图层的第 50 帧、第 60 帧处插入关键帧。

② 在第 60 帧处使用【选择】工具将舞台右上方的小球拖动到图 8-30 所示位置。

③ 在第 50 帧~第 60 帧添加传统补间动画。

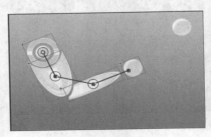

图 8-29 建立骨骼姿势

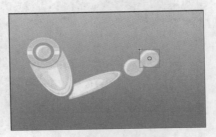

图 8-30 第 60 帧小球位置

步骤④ 应用"磁效应动画"元件。

① 将【库】面板中的"磁效应动画"元件放置在"磁效应"图层的第 20 帧处。

② 将其放置在"手"的前方，在第 50 帧处插入一个空白关键帧，图层效果如图 8-31 所示。

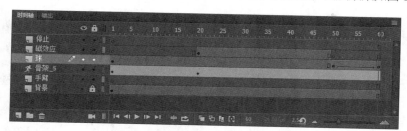

图 8-31　图层效果

步骤⑤ 保存动画，按 Ctrl+Enter 组合键进行动画测试。

8.2　综合应用——制作"大力水手"

两个元件间的骨骼会影响两个元件的运动，在形状内搭建骨骼将会影响形状的变形效果。下面通过制作一个生动的案例带领读者学习和掌握形状骨骼动画的原理，并理解形状骨骼动画和元件骨骼动画的区别，制作思路和效果如图 8-32 所示。

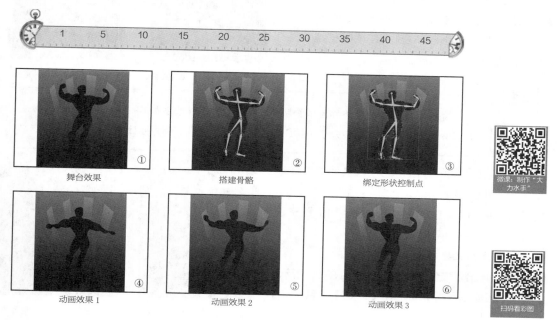

图 8-32　制作思路和效果

【操作要点】

1. 搭建骨骼

步骤① 打开素材。

① 打开制作模板，如图 8-33 所示。

② 按 Ctrl+O 组合键，打开素材文件"素材\第 8 章\大力水手\大力水手.fla"。

③ 在舞台上已放置背景元件和人物形状。

步骤② 为躯干搭建骨骼，如图 8-34 所示。

① 按 M 键启用【骨骼】工具。

② 在腰部中心按住鼠标左键。

③ 拖放到胸部中心位置松开鼠标。

图 8-33　打开制作模板　　　图 8-34　为躯干搭建骨骼

提示

　　为形状搭建骨骼是在形状的内部搭建骨骼，且相连的一套骨骼只能搭建在一个形状内，无法在两个形状之间搭建骨骼。

步骤③ 为头部搭建骨骼，如图 8-35 所示。

① 在第 1 根骨骼的尾部按住鼠标左键。

② 拖放到头部松开鼠标。

步骤④ 为右肩搭建骨骼，如图 8-36 所示。

① 在第 1 根骨骼的尾部按住鼠标左键。

② 拖放到右肩末端松开鼠标。

图 8-35　为头部搭建骨骼　　　图 8-36　为右肩搭建骨骼

提示

　　第 1 根被创建的骨骼称为根骨骼，可在根骨骼上继续添加其他骨骼。若要创建分支，请在分支开始的现有骨骼头部按住鼠标左键，拖动到形状的其他位置。

步骤⑤ 使用相同的方法为上半身其他位置搭建骨骼，如图 8-37 所示。

步骤⑥ 使用相同的方法为下半身其他位置搭建骨骼，如图 8-38 所示。

2. 绑定形状控制点

步骤① 为头部绑定形状控制点，如图 8-39 所示。

① 连续按两次 M 键启用【绑定】工具。

② 单击头部骨骼。

③ 按住 Shift 键单击需要绑定的点。

④ 按住 Ctrl 键单击需要取消绑定的点。

步骤② 使用相同的方法为右肩绑定形状控制点，如图 8-40 所示。

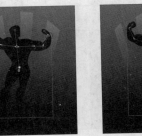

图 8-37　为上半身其他
位置搭建骨骼

图 8-38　为下半身其他
位置搭建骨骼

图 8-39　为头部绑定形状控制点

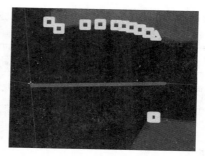
图 8-40　为右肩绑定形状控制点

步骤❸ 使用相同的方法为其他部位绑定形状控制点，如图 8-41 所示。

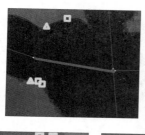 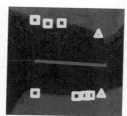 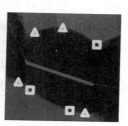

 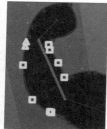 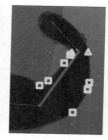 

图 8-41　为其他部位绑定形状控制点

 提示

　　在形状骨骼动画中，骨骼会带动与之绑定的形状控制点进行运动，使得形状产生变形。因此，形状骨骼动画的运动是否理想的关键在于形状控制点的分布和绑定是否合理。绑定形状控制点时，要根据各部位的运动规律来绑定，明确各部位的骨骼所要带动的形状区域。

3. 制作动画

步骤❶ 制作骨骼动画，如图 8-42 所示。

① 移动时间滑块至第 20 帧。

② 按 V 键启用【选择】工具。

③ 拖动需要调整的骨骼建立骨骼姿势。

步骤❷ 设置动画。

① 单击"骨架"图层的补间区域。

② 单击鼠标右键，在弹出的快捷菜单中选择【翻转帧】命令。

图 8-42　制作骨骼动画

步骤③ 按 Ctrl+S 组合键保存影片文件，案例制作完成。

> 与元件骨骼动画一样，在为形状搭建骨骼时，原有的形状会被自动转移到新建的姿势图层中，在骨骼搭建完成后，原本放置形状的图层为空，可以删除。

8.3　习题

1. 简要说明骨骼动画的原理和用途。
2. 简要说明【绑定】工具的用途。
3. 骨骼动画主要在哪些动画类型的表现上优势显著？
4. 哪些方面的因素会影响到形状控制点的绑定效果？
5. 创建两个简单的元件练习制作骨骼动画。

09

第 9 章
ActionScript 3.0 编程基础

ActionScript 一直以来都是 Flash 软件中的一个重要模块，
Animate CC 2017 中对这一模块的功能进行了加强，其中包括
重新定义了 ActionScript 的编程思想，增加了大量的内置类，
使程序的运行效率更高。

学习目标

- 了解 ActionScript 3.0 的基本语法。
- 掌握一些常见特效的制作方法。
- 掌握代码的书写方法。
- 掌握类的使用方法。

9.1 ActionScript 编程基础知识

【知识解析】

ActionScript 3.0 是一种面向对象编程（Object Oriented Programming，OOP）的脚本语言，用于给动画添加交互性。

9.1.1 ActionScript 3.0 语法基础

读者可以从简单的命令入手，逐步掌握更复杂的功能。

1. 基本术语

在学习 ActionScript 3.0（以下简称 ActionScript）的知识之前，需要了解一些基本术语。

（1）语法

语法是指帮助用户构成正确的 ActionScript 规则和准则的集合，编译器无法识别不正确的语法，因此，当在测试环境中测试包含错误的文档时，会在【输出】面板中看到错误或警告信息。

（2）语句

语句是指执行特定动作的语言单元。例如，"return"语句返回一个结果，作为执行它的函数值；"if"语句对一个条件求值，以确定应采取的下一个动作；"switch"语句创建 ActionScript 语句的分支结构。

◎ 关键字：有特殊含义的保留字。例如，"var"是用于声明本地变量的关键字。不能使用关键字作为标识符，如变量名等。

◎ 标识符：用于表示变量、属性、对象、函数或方法的名称。它的第 1 个字符必须是字母、下画线（_）或美元符号（$），其后的字符必须是字母、数字、下画线或美元符号。例如"firstName"就是一个变量的名称。

◎ 标点符号：帮助构成 ActionScript 代码的特殊字符。在 Animate CC 2017 中有几种语言标点符号。最常用的标点符号有分号";"、冒号":"、圆括号"()"和花括号"{}"等。这些标点符号中的每一种在 Animate CC 2017 语言中都有特殊含义，并可帮助定义数据类型、终止语句或构造 ActionScript 代码等。

◎ 布尔值：一种逻辑值，只能取"true"（真）或"false"（假）值。

（3）事件

事件是指在动画文件播放时发生的动作。例如，加载影片剪辑元件、进入帧（播放帧）、单击按钮或影片剪辑元件、按键盘键等都是一种事件。事件发生时能够触发执行 ActionScript 代码。事件可以由用户或系统触发，一般可以划分为以下几类。

◎ 鼠标和键盘事件：发生在用户通过鼠标和键盘与 Animate CC 2017 应用程序交互时。

◎ 剪辑事件：发生在影片剪辑元件内。

◎ 帧事件：发生在时间轴上的帧中。

（4）类

类是指可以创建用于定义新对象类型的数据类型。定义类是在外部脚本文件中（而不是在【动作】面板上编写的脚本中）使用"class"关键字。

◎ 实例：属于某个类的对象。类的每个实例均包含该类的所有属性和方法。例如，一个元件可以在舞台上创建多个实例。但是，一旦元件的属性发生变化，其所有实例的属性也会随之改变。

◎ 实例名称：脚本中用来表示影片剪辑元件实例和按钮元件实例的唯一名称。可以使用【属性】面板为舞台上的实例指定实例名称。例如，库中的主元件可以使用 "ball" 来命名，而舞台中该元件的两个实例可以使用实例名称 "ball-1" 和 "ball-2" 来命名。在 ActionScript 中可以通过实例名称来对不同的实例进行操作。

◎ 对象：ActionScript 要进行处理操作的每个目标对象都有其各自的名称，并且都是特定类的实例。对象包括外置和内置两种，前者可以是舞台上的实例，后者是在 ActionScript 中预先定义的。例如，内置的 Date 对象可以提供系统时钟信息。

◎ 属性：定义对象的特性。例如，"_visible" 是定义影片剪辑元件是否可见的属性，所有影片剪辑元件都有此属性。

◎ 方法：与对象关联的函数。例如，"getBytesLoaded()" 是与 "MovieClip" 类关联的内置方法。也可以为基于内置类或创建类的对象创建充当方法的函数。

2. 数据类型

Animate CC 2017 中内置了字符串、数字和布尔值（都有一个常数值）以及影片剪辑元件和对象（其值可能发生更改，包含对该元素实际值的引用）等数据类型。

（1）常用数据类型

每种数据类型都有其各自的规则，下面分别对其进行介绍。

◎ 字符串（String）：字符串是字母、数字和标点符号等字符序列。应将字符串放在单引号或双引号之间。字符串被当作字符而不是变量来处理，例如：

```
name = "张明",
```

◎ 数字（Number）：数字数据可以使用算术运算符加 "+"、减 "-"、乘 "*"、除 "/"、求模 "%"、递增 "++" 和递减 "--" 来处理数字，也可使用内置的 Math 对象方式来处理数字，例如：

```
sum = 100;
```

◎ 布尔型（Boolean）：布尔值是 "true" 或 "false"。布尔值在进行比较以控制脚本流的 ActionScript 语句中，经常与逻辑运算符一起使用，例如：

```
result = true,
```

◎ 对象型（Object）：对象是指属性的集合，每个属性都有名称和值，属性的值可以是任何数据类型，也可以是对象数据类型，因而可以将对象相互包含，或将其 "嵌套"。要指定对象和它们的属性，可以使用点运算符 "."，例如：

```
myDate = new Date();
nowyear = myDate.getFullYear();
```

◎ 影片剪辑型（Movieclip）：影片剪辑元件是 Animate 影片中可以播放动画的元件，是唯一引用图形元素的数据类型。影片剪辑数据类型允许使用影片剪辑型对象方式控制影片剪辑元件。可以使用点运算符 "." 调用该方法，例如：

```
myClip = FishMovieclip;
myClip._x=200;
```

◎ 空值（Null）：空值数据类型只有一个值，即 "null"，意味着 "没有值"。null 表明变量还没有接收到值或变量不再包含值；作为函数的返回值，null 表明函数没有可以返回的值；作为函数的一个参数则表明省略了该参数。

◎ 未定义型（Undefined）：未定义的数据类型有一个值，即"undefined"，用于尚未分配值的变量。

（2）自动数据类型指定

在 Animate CC 2017 中，不必将变量明确地定义为包含数字、字符串的数据类型或其他数据类型，Animate CC 2017 将在指定变量时确定其数据类型：

```
var x = 3;
```

在表达式"var x=3"中，Animate CC 2017 会评估运算符右侧的元素，然后确定它的数据类型为数字。后面的赋值运算可以更改"x"的类型。例如，语句"x="hello""会将"x"的类型更改为字符串。尚未赋值的变量其类型为未定义型。

ActionScript 会在表达式需要时自动转换数据类型。例如，当向"trace()"动作传递值时，"trace()"会自动将该值转换为字符串，并将其发送到【输出】面板中。在带有运算符的表达式中，ActionScript 会根据需要转换数据类型。例如，当用于字符串时，"+"运算符需要另一个操作数也是字符串：

```
"Next in line, number " + 7;
```

ActionScript 会将数字"7"转换为字符串"7"，并将它添加到第 1 个字符串的结尾，从而产生以下字符串：

```
"Next in line, number 7";
```

（3）严格数据类型指定

ActionScript 允许在创建变量时显式声明其对象类型，这称作严格数据类型指定。因为数据类型不匹配会触发编译器错误，所以严格数据类型指定有助于避免为现有变量指定错误的数据类型。若要为某个变量指定特定的数据类型，请使用 var 关键字和冒号语法指定其类型。

```
//严格指定变量或对象的类型
var x:Number = 7;
var birthday:Date = new Date();
// 参数的严格类型指定
function welcome(firstName:String, age:Number){
}
// 参数和返回值的严格类型指定
function square(x:Number):Number {
  var squared = x*x;
  return squared;
}
```

由于在严格指定变量的数据类型时必须使用 var 关键字，因此不能严格指定全局变量的类型。

可以根据内置类（Button、Date、MovieClip 等）以及创建的类和接口来声明对象的数据类型。例如，如果在一个名为"Student.as"的文件中定义了 Student 类，则可以指定创建的对象属于类型 Student：

```
var student:Student = new Student();
```

也可以指定对象属于类型 Function 或 Void。

使用严格数据类型指定有助于确保设计人员不会因为疏忽而为对象指定错误的数据类型。Animate CC 2017 将在编译时检查类型指定不匹配的错误。例如，假设输入以下代码：

```
// 在 Student.as 类文件中
class Student {
  var status:Boolean; // Student 对象的属性
}
// 在脚本中
var studentMaryLago:Student = new Student();
studentMaryLago.status = "enrolled";
```

当 Animate CC 2017 编译此脚本时，将生成"类型不匹配"错误。

严格数据类型指定的另一个优点是，对于严格指定类型的内置对象，Animate CC 2017 会自动显示代码提示。

3. 变量和常量

变量是包含信息的容器。容器本身始终不变，但内容可以更改。当首次定义变量时，要为该变量指定一个值，这就是所谓的初始化变量，而且通常在 SWF 文件的第 1 帧中完成。初始化变量有助于在播放 SWF 文件时跟踪和比较变量的值。

（1）变量命名规则

在 Animate CC 2017 中，为变量命名时必须遵守以下规则。

◎ 变量名必须以字母或下画线开头，由字母、数字和下画线组成，中间不能包含空格。变量名要区分大小写，例如 fileName 和 filename 是两个不同的变量。

◎ 变量名不能是一个关键字或逻辑常量（true 或 false）。需要注意的是，Animate CC 2017 的关键字都是小写形式，如果写成大写形式，则将会把它视为普通字符而不作为关键字处理。例如，for 是一个关键字，而 FOR 则不属于关键字。

◎ 变量名在其作用范围内必须是唯一的。例如，BOOK、a2、firstName 或 _YPOSITION 都是合法的变量名，if、for、var、3W 或 gb%c 都是非法变量名。

◎ 在脚本中使用变量应遵循"先定义后使用"的原则，也就是说，在脚本中应当先定义一个变量，然后才能在表达式中使用这个变量。

（2）变量的范围

变量的范围是指已知变量可以引用的区域。在 ActionScript 中，有以下 3 种类型的变量范围。

◎ 本地变量：在声明它们的函数体（由花括号界定）内可用。本地变量的使用范围只限于它的代码块，它会在该代码块结束时到期。没有在代码块中声明的本地变量会在它的脚本结束时到期。若要声明本地变量，需要在函数体内部使用 var 语句，例如：

```
var K;
var book = "Animate CC 2017 基础培训教程";
```

◎ 时间轴变量：可用于该时间轴上的任何脚本。要声明时间轴变量，应在该时间轴中的所有帧上都初始化这些变量。还应确保首先初始化变量，然后尝试在脚本中访问它。例如，如果将代码"var x=10;"放置在第 20 帧上，则附加到第 20 帧之前的任何帧上的脚本都无法访问该变量。

◎ 全局变量：对文档中的每个时间轴和范围均可见。若要创建具有全局范围的变量，可以在变量名称前使用_global 标识符，并且不使用 var=语法，例如用以下代码创建全局变量 myName：

```
var _global.myName = "George"; // 语法错误

_global.myName = "George";
```

但是，如果使用与全局变量相同的名称初始化一个本地变量，则在处于该本地变量的范围内时对该全局变量不具有访问权限。

（3）常量

常量是一种特殊类型的变量，它具有固定值、无法改变的值，换句话说，它们是在整个应用程序中都不发生改变的值。ActionScript 包含多个预定义的常量。

例如，常量"BACKSPACE""ENTER""SPACE"和"TAB"都是"Key"类的属性，指代键盘的按键。常量"Key.TAB"的含义始终不变，它代表键盘上的 Tab 键。常量多用于应用程序中，比较和使用不发生变化的值。

要测试用户是否按了 Enter 键，可以使用下面的语句：

```
if(Key.getCode() == Key.ENTER) {
alert = "Areyou ready to play?";
controlMC.gotoAndStop(5);
}
```

4. 函数

为了减少必需的工作量并缩小 SWF 文件的大小，应尽可能重复使用代码。一种重复使用代码的方法是多次调用一个函数，而不是每次都创建不同的代码。函数就是一般代码片段，可以在一个动画中使用相同的代码来达到稍有差别的多个目的。

函数是用来对常量、变量等进行某种运算的方法，如产生随机数、进行数值运算、获取对象属性等。如果将参数传递给函数，则通常函数会对这些参数执行运算。函数也可以返回值。

Animate CC 2017 具有一些内置函数，可用于访问特定的信息、执行特定的任务，例如获取承载 SWF 文件的 Flash Player 的版本号（getVersion()）等。属于对象的函数称作方法，不属于对象的函数称作顶级函数，也可以自定义函数，对传递的值执行一系列语句。自定义函数也可以返回值。一旦定义了函数，就可以从任意一个时间轴中调用它，包括加载的 SWF 文件的时间轴。例如，下面一段代码就是通过函数来绘制圆形的。

```
function myCircle(radius:Number):Number {
    return (Math.PI * radius * radius);
}
myCircle(5);
```

函数名称必须以小写字母开头。函数名称应描述该函数返回的值（如果有），例如，如果函数要返回歌曲的标题，则可将其命名为"getCurrentSong()"。

可以将编写完善的函数看作一个"黑匣子"。如果它的输入、输出和目的都有详细的注释，用户就不需要确切地了解该函数的内部工作原理。

5. ActionScript 的基本语法

语法定义了一组在编写可执行代码时必须遵循的规则，在编写 ActionScript 代码的过程中，需要遵循的基本语法规则主要有以下几点。

（1）区分大小写

ActionScript 中大小写不同的标识符会被视为不同的内容。例如，以下代码创建的是两个不同的变量。

```
var num1:int;
var Num1:int;
```

（2）点运算符

可以通过点运算符（.）来访问对象的属性和方法。例如有以下类的定义。

```
class ASExample
{
    public var name:String;
    public function method1():void { }
}
```

该类中有一个 name 属性和一个 method1()方法，借助点语法，并通过创建一个实例来访问相应的属性和方法。

```
var example1:ASExample = new ASExample();
example1.name = "Hello";
example1.method1();
```

（3）字面值

"字面值"是指直接出现在代码中的值。以下示例都是字面值。

```
17
-9.8
"Hello"
null
undefined
true
```

（4）分号

可以使用分号字符（;）来终止语句。若省略分号字符，则编译器将假设每一行代码代表一条语句。使用分号来终止语句，代码会更易于阅读；还可以在一行中放置多个语句，但是这样会使代码变得难以阅读。

（5）注释

ActionScript 代码支持两种类型的注释：单行注释和多行注释，编译器将忽略注释中的文本。

单行注释以两个正斜杠字符（//）开头并持续到该行的末尾。例如，以下代码包含两个单行注释。

```
//单行注释 1
var num1:Number = 3; // 单行注释 2
```

多行注释以一个正斜杠字符和一个星号（/*）开头，以一个星号和一个正斜杠字符（*/）结尾。例如：

```
/*这是一个可以跨
多行代码的多行注释。*/
```

9.1.2 基础训练——制作"鼠标跟随"

本案例将制作一个心形图案跟随鼠标指针移动的特效，通过简单的控制代码就可以制作出漂亮的特效，制作思路和效果如图 9-1 所示。

图 9-1 操作思路和效果

【操作要点】

1. 设置元件属性

步骤① 按 Ctrl+O 组合键，打开素材文件"素材\第 9 章\鼠标跟随\鼠标跟随.fla"。

步骤② 舞台场景中放置了一张漂亮的背景图片，如图 9-2 所示。

步骤③ 设置"心形"元件的属性。

① 在【库】面板中"心形"元件上单击鼠标右键，在弹出的快捷菜单中选择【属性】命令，弹出【元件属性】对话框。

② 展开【高级】参数组，在【ActionScript 链接】中勾选【为 ActionScript 导出(X)】复选框。

③ 设置【类(C)】为"心形"，设置【基类（B）】为"flash、display、MovieClip"，单击 确定 按钮完成属性设置，如图 9-3 所示。

图 9-2 背景图片

④ 在弹出的【ActionScript 类警告】对话框中单击 确定 按钮，如图 9-4 所示。

图 9-3 设置属性

图 9-4 【ActionScript 类警告】对话框

2. 输入控制代码

步骤① 选中"代码"图层的第 1 帧，按 F9 键打开【动作】面板，在其中输入以下控制代码。

```
//添加场景事件
root.addEventListener(Event.ENTER_FRAME,showHeart);
function showHeart(e:Event) {
//生成"心形"元件实例
var h:Heart = new Heart();
//设置实例位置坐标
h.x=root.mouseX;
h.y=root.mouseY;
//将实例加入场景
root.addChild(h);
}
```

步骤② 输入"心形"元件内部代码。

① 在【库】面板中双击"心形"元件进入元件编辑状态。

② 选中"Action Layer"图层的第 25 帧。

③ 按 F9 键打开【动作】面板，在此输入控制代码。

```
stop();
root.removeChild(this);
```

> **提示**
>
> 在素材文件"素材\第 9 章\鼠标跟随\控制代码.txt"中提供有本案例所需的全部代码。

步骤③ 按 Ctrl+S 组合键保存影片文件，案例制作完成。

9.2 ActionScript 3.0 常用代码

【知识解析】

ActionScript 3.0 是一种强大的编程语言，其为用户提供了大量的内部函数，能完成各种控制功能。

9.2.1 函数及其使用

ActionScript 3.0 的学习和使用需要逐步积累经验，初级用户只需掌握一些简单的函数知识，即可实现对影片进行简单的控制。

1. 使用时间轴控制函数

新建一个 ActionScript 3.0 文档，选中"图层 1"的第 1 帧，按 F9 打开【动作】面板，如图 9-5 所示。

工具栏中主要包含以下工具。

◎ ⊕（插入实例路径和名称）：打开【插入目标路径】对话框，如图 9-6 所

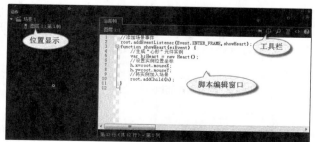

图 9-5 【动作】面板

示，选择需要添加的脚本对象。

◎ 🔍（查找）：对脚本编辑窗口中的脚本内容进行查找和替换。

◎ <>（代码片段）：打开【代码片段】面板，如图 9-7 所示，可以直接将 ActionScript 3.0 代码添加到 FLA 文档中实现交互功能。

图 9-6 【插入目标路径】对话框

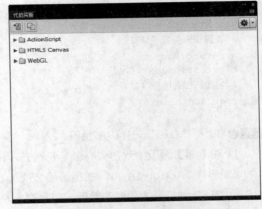

图 9-7 【代码片段】面板

时间轴控制函数的说明如表 9-1 所示。

表 9-1　　　　　　　　　　　　　　　时间轴控制函数的说明

函数	作用
gotoAndPlay(n)	将播放头转到场景中第 n 帧并从该帧开始播放（n 为要调整的帧数）
gotoAndStop(n)	将播放头转到场景中第 n 帧并停止播放
nextFrame()	将播放头转到下一帧
nextScene()	将播放头转到下一场景的第 1 帧
play()	在时间轴中向前移动播放头
prevFrame()	将播放头转到上一帧
prevScene()	将播放头转到上一场景的第 1 帧
stop()	停止当前正在播放的 SWF 文件
stopAllSounds()	在不停止播放头的情况下，停止 SWF 文件中当前正在播放的所有声音

2. 添加事件

ActionScript 3.0 中通过 "addEventListener()" 方法来添加事件，一般格式如下。

接收事件对象.addEventListener(事件类型.事件名称，事件响应函数名称);

function 事件响应函数名称(e:事件类型)

{

　　//此处是为响应事件而执行的动作

}

若是对时间轴添加事件，则使用 "this" 代替接收事件对象或省略不写。

3. 嵌入资源类的使用

ActionScript 3.0 使用称为嵌入资源类的特殊类来表示嵌入的资源。嵌入资源是指编译时包括在 SWF 文件中的资源，如声音、图像或字体。

要使用嵌入资源，首先将该资源放入 FLA 文件的库中。接着设置其链接属性，提供资源的嵌入资源类的名称。然后可以创建嵌入资源类的实例，并使用任何由该类定义或继承的属性和方法。

例如，以下代码可用于播放链接到名为"PianoMusic"的嵌入资源类的嵌入声音。

```
var piano:PianoMusic = new PianoMusic();
var sndChannel:SoundChannel = piano.play();
```

4. 获取时间

ActionScript 3.0 对时间的处理主要通过"Date"类来实现，通过以下代码初始化一个无参数的 Date 类的实例，便可得到当前系统时间。

```
var now:Date = new Date();
```

通过点运算符调用对象"now"中包含的"getHours()""getMinutes()""getSeconds()"，便可得到当前时间的小时、分钟和秒的数值。

```
var hour:Number=now.getHours();
var minute:Number=now.getMinutes();
var second:Number=now.getSeconds();
```

5. 时钟指针旋转角度的换算

① 对于时钟中的秒针，旋转 1 周即 360° 是 60s，每转过 1 个刻度是 6°。用当前秒数乘上 6 便得到秒针旋转角度。

```
var rad_s = second * 6;
```

② 对于分针，其转过 1 个刻度也是 6°，但为了避免每隔 1min 才跳动一下，所以设计成每隔 10s 转过 1°。

```
var rad_m = minute * 6 + int(second / 10);
```

其中"int(second / 10)"表示用秒数除以 10 后取其整数，结果便是每 10s 增加 1°。

③ 对于时针，旋转 1 周即 360° 是 12h，但通过 getHours()得到的小时数值为 0~23，所以应先使用"hour%12"将其变化范围调整为"0~11"（其中"%"表示前数除以后数取余数）。

时针每小时要旋转 30°，同样为了避免每隔 1h 才跳动一下，因此设计成每 2min 旋转 1°。

```
var rad_h = hour % 12 * 30 + int(minute / 2);
```

6. 元件动画设置

根据计算所得的数值，通过点运算符访问并设置实例的"rotation"属性便可以形成旋转动画。

```
实例名.rotation = 计算所得的数值;
```

7. 算法分析

设一个变量"index"，要让 index 在"0~$n-1$"范围从小到大循环变化，则可使用如下算法。

```
index++;           // "++"表示 index = index+1，即变量自动加 1
index = index % n; // "%"表示取余数
```

若要让 index 在"0~$n-1$"范围从大到小循环变化，则使用如下算法。

```
index += n-1;      // "+="是 index = index + (n-1)的缩写形式
index = index % n;
```

9.2.2 基础训练——制作"音乐播放器"

本案例使用 ActionScript 3.0 制作一个时尚的"音乐播放器"，效果如图 9-8 所示。

图9-8 效果

【操作要点】

1. 打开模板

步骤❶ 打开素材文件"素材\第 9 章\音乐播放器\音乐播放器.fla"。

 提示　绘制"音乐播放器"的界面和制作按钮是十分有趣的事情，有兴趣的读者可以按照给出的模板模拟制作"音乐播放器"的外观。

步骤❷ 舞台上各元素的设置如图 9-9 所示。

步骤❸ 依次选择每一个元素，然后在【属性】面板中按照图 9-9 所示为其设置实例名称，如图 9-10 所示。

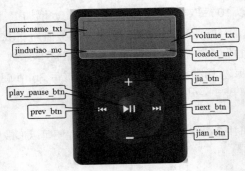

图9-9 舞台上各元素的设置

图9-10 设置实例名称

 提示　设置实例名称时，由于"jindutiao_mc"（播放进度）元件和"loaded_mc"（加载进度）元件重合在一起不便选择，所以应使用图层的锁定和隐藏功能选择正确的元件进行实例名称的设置，也可以将两个重合的元件移开后再选中设置实例名称，然后恢复到重叠位置。

2．控制代码

步骤❶ 选择 "AS3.0" 图层的第 1 帧，按 F9 键打开【动作】面板，在其中输入以下几个板块的控制代码，如图 9-11 所示。

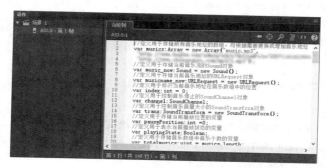

图 9-11　输入控制代码

步骤❷ 定义将要用到的变量和类的实例。

//定义用于存储所有音乐地址的数组，可根据需要更换或增加音乐地址

```
var musics:Array = new Array("music.mp3",
 "http://***/J1.mp3",
 "http://***/02.mp3");
```

//定义用于存储当前音乐流的 Sound 对象，读者可以输入有效的音乐网址

```
var music_now:Sound = new Sound();
```

//定义用于存储当前音乐地址的 URLRequest 对象

```
var musicname_now:URLRequest = new URLRequest();
```

//定义用于标识当前音乐地址在音乐数组中的位置

```
var index:int = 0;
```

//定义用于控制音乐停止的 SoundChannel 对象

```
var channel:SoundChannel;
```

//定义用于控制音乐音量大小的 SoundTransform 对象

```
var trans:SoundTransform = new SoundTransform();
```

//定义用于存储当前播放位置的变量

```
var pausePosition:int =0;
```

//定义用于表示当前播放状态的变量

```
var playingState:Boolean;
```

//定义用于存储音乐数组中音乐个数的变量

```
var totalmusics:uint = musics.length;
```

步骤❸ 初始化操作，对各实例进行初始化，并开始播放音乐数组中的第 1 首音乐。

//初始设置小文本框中的内容，即当前音量大小

```
volume_txt.text = "音量:100%";
```

//初始设置大文本框中的内容，即当前音乐地址

```
musicname_txt.text = musics[index];
```

//初始设置当前音乐地址

```
musicname_now.url=musics[index];
//加载当前音乐地址所指的音乐
music_now.load(musicname_now);
//开始播放音乐并把控制权交给 SoundChannel 对象，同时传入 SoundTransform 对象用于控制音乐音量的大小
channel = music_now.play(0,1,trans);
//设置播放状态为真，表示正在播放
playingState = true;
```

步骤④ 播放过程中设置"Loaded_mc"元件和"jindutiao_mc"元件的宽度，用于表示当前音乐的加载进度和播放进度。

```
//添加 EnterFrame 事件，控制每隔"1/帧频"时间检测一次相关进度
addEventListener(Event.ENTER_FRAME, onEnterFrame);
//定义 EnterFrame 事件的响应函数
function onEnterFrame(e)
{
//得到当前音乐已加载部分的比例
var loadedLength:Number= music_now.bytesLoaded / music_now.bytesTotal;
//根据已加载比例设置"load_mc"元件的宽度
loaded_mc.width = 130 * loadedLength;
//计算当前音乐的总时间长度
var estimatedLength:int = Math.ceil(music_now.length / loadedLength);
//根据当前播放位置在总时间长度中的比例设置"jindutiao_mc"元件的宽度
jindutiao_mc.width = 130*(channel.position / estimatedLength);
}
```

步骤⑤ 添加"播放暂停"按钮上的控制代码。

```
//为"播放暂停"按钮添加鼠标单击事件
play_pause_btn.addEventListener(MouseEvent.CLICK,onPlaypause);
//定义"播放暂停"按钮上的单击响应函数
function onPlaypause(e)
{
//判断是否处于播放状态
if (playingState)
{
//为真，表示正在播放
//存储当前播放位置
pausePosition = channel.position;
//停止播放
channel.stop();
//设置播放状态为假
playingState= false;
} else
{
```

```
//不为真，表示已暂停播放
//从存储的播放位置开始播放音乐
channel = music_now.play(pausePosition,1,trans);
//重新设置播放状态为真
playingState=true;
}
}
```

步骤⑥ 添加选择播放上一首音乐的代码。

```
//为按钮添加事件
prev_btn.addEventListener(MouseEvent.CLICK,onPrev);
//定义事件响应函数
function onPrev(e)
{
//停止当前音乐的播放
channel.stop();
//计算当前音乐的上一首音乐的序号
index += totalmusics -1;
index = index % totalmusics;
//重新初始化 Sound 对象
music_now = new Sound();
//重新设置当前音乐地址
musicname_now.url=musics[index];
//重新设置大文本框中的内容
musicname_txt.text = musics[index];
//加载音乐
music_now.load(musicname_now);
//播放音乐
channel = music_now.play(0,1,trans);
//设置播放状态为真
playingState = true;
}
```

步骤⑦ 添加选择播放下一首音乐的代码。

```
next_btn.addEventListener(MouseEvent.CLICK,onNext);
function onNext(e)
{
channel.stop();
index++;
index = index % totalmusics;
music_now = new Sound();
musicname_now.url=musics[index];
musicname_txt.text = musics[index];
music_now.load(musicname_now);
```

```
channel = music_now.play(0,1,trans);
playingState = true;
}
```

步骤⑧ 添加增加音量的控制代码。

```
jia_btn.addEventListener(MouseEvent.CLICK,onJia);
function onJia(e)
{
//将音量增加 0.05，即 5%
trans.volume +=0.05;
//控制音量最大为 3，即 300%
if (trans.volume>3)
{
   trans.volume = 3;
}
//传入参数使设置生效
channel.soundTransform = trans;
//重新设置小文本框中的内容，即当前音量大小
volume_txt.text = "音量:"+Math.round(trans.volume*100)+"%";
}
```

步骤⑨ 添加降低音量的控制代码。

```
jian_btn.addEventListener(MouseEvent.CLICK,onJian);
function onJian(e)
{
trans.volume -= 0.05;
if (trans.volume<0)
{
   trans.volume = 0;
}
channel.soundTransform = trans;
volume_txt.text = "音量:"+Math.round(trans.volume*100)+"%";
}
```

提示

在素材文件的"素材\第 9 章\音乐播放器\代码.txt"中提供有本案例的全部代码。

步骤⑩ 保存文件，复制一个 MP3 文件到 SWF 文件的保存位置，并重命名为"music.mp3"，然后测试影片，一个具有时尚外观的"音乐播放器"就制作完成了，可以用它播放本地音乐或网络歌曲。

9.3 综合应用——制作"可爱动物秀"

本案例进一步使用 ActionScript 3.0 来制作一个"可爱动物秀"效果，其制作思路和效果如图 9-12 所示。

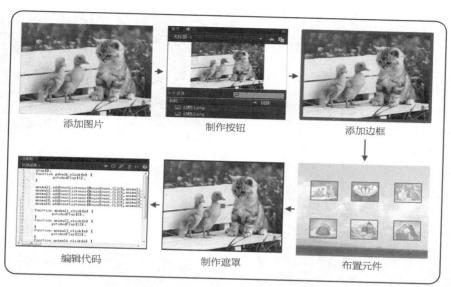

图 9-12　制作思路和效果

【操作要点】

1. 导入素材文件

步骤❶ 新建一个 ActionScript 3.0 文档，文档属性使用默认参数。

步骤❷ 执行【文件】/【导入】/【导入到库】命令，将素材文件"素材\第 9 章\可爱动物秀"文件夹里面的所有图片导入当前的【库】面板，如图 9-13 所示。

2. 创建按钮元件

步骤❶ 创建按钮元件。

① 新建一个按钮元件并命名为"动物 1"，单击 **确定** 按钮进入元件编辑模式进行编辑，如图 9-14 所示。

图 9-13　导入图片

图 9-14　创建按钮元件

② 将【库】面板中的位图"动物 1.png"拖入舞台，并使其相对舞台居中对齐，如图 9-15 所示。

③ 在【变形】面板中设置图片的宽、高都为"20.0%"，如图 9-16 所示。设置完成后的图片效果如图 9-17 所示。

步骤② 打散图片。

① 确认舞台中的图片处于选择状态，按 Ctrl+B 组合键打散图片，如图 9-18 所示。

② 单击舞台空白处取消图片的选择。

步骤③ 添加边框。

① 选择【墨水瓶】工具 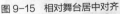，设置【笔触颜色】为"#CC0000"、【笔触高度】为"3.00"，如图 9-19 左图所示。

② 在舞台的图片上单击，给图片添加边框，如图 9-19 右图所示。

图 9-15 相对舞台居中对齐

图 9-16 设置参数

图 9-17 图片效果

图 9-18 打散图片

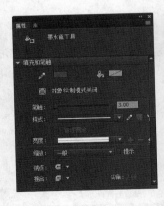

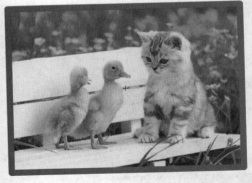

图 9-19 添加边框

步骤④ 绘制矩形。

① 在"图层 1"图层之上新建一个图层，如图 9-20 左图所示。

② 选择【矩形】工具 ，设置【笔触颜色】为"无"、【填充颜色】为"白色"且其【Alpha】值为"50%"。

③ 在舞台绘制一个矩形，设置宽、高分别为"110""80"。

④ 将矩形相对舞台中对齐，使其刚好覆盖在图片上，如图 9-20 右图所示。

图 9-20　绘制半透明矩形

步骤⑤ 制作按钮。

① 在"图层 1"图层的"点击"帧处插入帧，如图 9-21 所示。完成后进入编辑状态，完成"动物 1"按钮的制作。

② 利用相同的方法，分别使用"动物 2.png"～"动物 6.png"制作按钮元件"动物 2"～"动物 6"，制作完成后的【库】面板如图 9-22 所示。

图 9-21　插入帧　　　　　　　　　　图 9-22　【库】面板

<blockquote>
读者也可选择菜单命令【文件】/【导入】/【打开外部库】，打开素材文件"素材\第 9 章\可爱动物秀\全部按钮.fla"，从中获取按钮。
</blockquote>

3. 制作"隐形按钮"元件

步骤① 新建元件。

① 新建一个按钮元件并命名为"隐形按钮"，如图 9-23 所示。

② 单击 <u>确定</u> 按钮进入元件编辑模式进行编辑。

步骤② 绘制矩形。

① 在"图层 1"图层的"点击"帧处插入空白关键帧，如图 9-24 所示。

图 9-23　创建"隐形按钮"元件

图 9-24　插入空白关键帧

② 选择【矩形】工具■，任选一种填充颜色，绘制一个宽、高分别为"550""400"的矩形。

③ 将矩形相对舞台居中对齐。

　　　　由于"点击"帧中的图形只是用于感应鼠标指针是否位于该按钮之上，在使用时并不会显示，所以矩形的颜色可以任意指定。

4. 布置动画场景

步骤❶ 新建图层。

① 返回到主场景，新建并重命名图层，如图 9-25 所示。

② 在"遮罩"图层上单击鼠标右键选择【遮罩层】命令，将该图层转换为"动物图片"图层的遮罩层，如图 9-26 所示。

图 9-25　新建并重命名图层

图 9-26　转换为遮罩层

步骤❷ 布置元件。

① 将【库】面板中的"背景.png"拖入"背景"图层，并使其相对舞台居中对齐，使元件刚好覆盖整个舞台，如图 9-27 所示。然后在第 61 帧插入帧，如图 9-28 所示。

图 9-27　插入背景图片

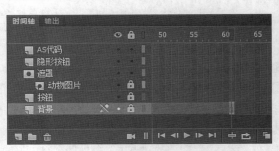

图 9-28　插入帧

② 将【库】面板中的"动物 1"～"动物 6"按钮元件依次拖入"按钮"图层，并摆放整齐，如图 9-29 所示。

图 9-29　拖入按钮元件

③ 选择"动物图片"图层并解除锁定，在第 2 帧插入空白关键帧，将【库】面板中的位图"动物 1.png"拖入舞台，并使其相对舞台居中对齐。

④ 利用相同的方法，分别在"动物图片"图层的第 12、第 22、第 32、第 42、第 52 帧插入空白关键帧，依次将【库】面板中的位图"动物 2.png"～"动物 6.png"拖入舞台，并使其相对舞台居中对齐，最后在第 61 帧插入帧，时间轴状态如图 9-30 所示。

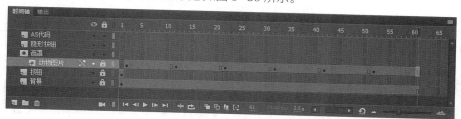

图 9-30　时间轴状态

步骤❸ 制作遮罩。

① 选择"遮罩"图层并解除锁定，在第 2 帧插入空白关键帧。

② 利用【矩形】工具 ，任选一种填充颜色，在舞台中绘制一个矩形，设置宽、高分别为"20""20"，并使其相对舞台居中对齐，如图 9-31 所示。

③ 在"遮罩"图层的第 11 帧插入关键帧，调整舞台中的矩形的宽、高分别为"550""400"，并使其相对舞台居中对齐，如图 9-32 所示。

图 9-31　绘制矩形

图 9-32　调整矩形

步骤④ 创建动画。

① 在"遮罩"图层的第 2 帧~第 11 帧创建补间形状动画。

② 选中第 2 帧~第 11 帧的所有帧，按住 Alt 键，将鼠标指针放在选中的帧上按住鼠标左键并向后拖动，将选中的帧复制到第 12 帧~第 21 帧。

③ 重复此操作将选中的再复制 4 段，如图 9-33 所示。

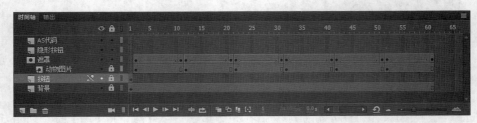

图 9-33　创建补间形状动画并复制帧

④ 选择"隐形按钮"图层，在第 2 帧插入空白关键帧。

⑤ 将【库】面板中的"隐形按钮"元件拖入舞台，并使其相对舞台居中对齐，然后在第 61 帧插入帧，如图 9-34 所示。

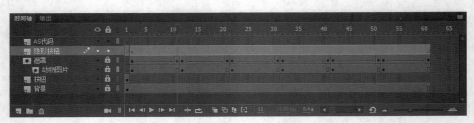

图 9-34　设置"隐形按钮"元件

5. 输入帧代码

步骤① 选中"AS 代码"图层的第 1 帧，按 F9 键打开【动作】面板，输入控制代码"stop();"。

步骤② 分别在"AS 代码"图层的第 11 帧、第 21 帧、第 31 帧、第 41 帧、第 51 帧和第 61 帧插入关键帧，并依次打开【动作】面板，输入控制代码"stop();"，如图 9-35 所示。

图 9-35　插入关键帧并输入控制代码

6. 设置按钮实例名称

步骤① 选中"隐形按钮"图层上的"隐形按钮"元件，在【属性】面板中设置其实例名称为"goback"，如图 9-36 所示。

步骤② 利用相同的方法为"按钮"图层上所有的"动物"按钮设置实例名称，如图 9-37 所示。

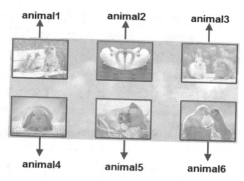

animal1　animal2　animal3

animal4　animal5　animal6

图 9-37　设置实例名称

图 9-36　【属性】面板

7. 输入控制代码

步骤① 选择"按钮"图层的第 1 帧，按 F9 键打开【动作】面板，输入以下控制代码。

```
stop();
function goback_click(e) {
    gotoAndPlay(1);
}


animal1.addEventListener(MouseEvent.CLICK,animal1_click);
animal2.addEventListener(MouseEvent.CLICK,animal2_click);
animal3.addEventListener(MouseEvent.CLICK,animal3_click);
animal4.addEventListener(MouseEvent.CLICK,animal4_click);
animal5.addEventListener(MouseEvent.CLICK,animal5_click);
animal6.addEventListener(MouseEvent.CLICK,animal6_click);

function animal1_click(e) {
    gotoAndPlay(2);
}
function animal2_click(e) {
    gotoAndPlay(12);
}
function animal3_click(e) {
    gotoAndPlay(22);
}
function animal4_click(e) {
    gotoAndPlay(32);
}
function animal5_click(e) {
    gotoAndPlay(42);
}
function animal6_click(e) {
    gotoAndPlay(52);
}
```

步骤② 选择"AS 代码"图层的第 11 帧，在【动作】面板中输入以下控制代码。

```
goback.addEventListener(MouseEvent.CLICK,goback_click);
```

步骤③ 选择 "AS 代码" 图层的第 21 帧，在【动作】面板中输入以下控制代码。
```
goback.addEventListener(MouseEvent.CLICK,goback_click);
```

步骤④ 选择 "AS 代码" 图层的第 31 帧，在【动作】面板中输入以下控制代码。
```
goback.addEventListener(MouseEvent.CLICK,goback_click);
```

步骤⑤ 选择 "AS 代码" 图层的第 41 帧，在【动作】面板中输入以下控制代码。
```
goback.addEventListener(MouseEvent.CLICK,goback_click);
```

步骤⑥ 选择 "AS 代码" 图层的第 51 帧，在【动作】面板中输入以下控制代码。
```
goback.addEventListener(MouseEvent.CLICK,goback_click);
```

步骤⑦ 选择 "AS 代码" 图层的第 61 帧，在【动作】面板中输入以下控制代码。
```
goback.addEventListener(MouseEvent.CLICK,goback_click);
```

> 在素材文件 "素材\第 9 章\可爱动物秀\代码.txt" 中提供有本案例的全部代码。在步骤（1）中选择的 "按钮" 图层的第 1 帧也可以是其他图层的第 1 帧。

步骤⑧ 保存测试影片，一个 "可爱动物秀" 制作完成。

9.4 习题

1. ActionScript 是一种什么语言，有何用途？

2. 什么是时间，在 ActionScript 编程中有何作用？

3. ActionScript 3.0 中主要有哪些数据类型？

4. 什么是函数，在 ActionScript 3.0 中如何定义函数？

5. 什么是类，类与对象有什么关系？

10

第 10 章
使用组件

使用组件可以帮助用户将应用程序的设计过程和编码过程分开。即使完全不了解 ActionScript 3.0 的用户也可以根据组件提供的接口来改变组件的参数，从而改变组件的相关特性，达到设计的目的。本章将介绍常用组件的使用方法和技巧。

学习目标

✔ 掌握用户接口组件的使用方法。
✔ 掌握视频组件的使用方法。
✔ 掌握两种组件的配合使用方法。
✔ 了解使用组件开发的整体思路。

10.1　使用用户接口组件

【知识解析】

了解应用程序开发的用户对用户接口组件一定不会陌生，大多数的应用程序开发工具都会提供此组件。使用组件开发的程序，可以通过网页满足用户的各种需求，例如开发网页上的测试系统、Falsh播放器、购物系统等。

10.1.1　认识【组件】面板

选择菜单命令【窗口】/【组件】，打开【组件】面板，如图 10-1 所示。面板分为两部分：用户接口（User Interface）组件和视频（Video）组件。用户接口组件应用广泛，包括常用的按钮、复选框、单选框、列表等，利用用户接口组件可以快速开发组件应用程序。

用户接口组件　　　　　　视频组件

图 10-1　【组件】面板

1. 使用【组件】面板创建组件

把【组件】面板中的组件拖动到场景中，即可完成组件的创建。

步骤❶ 将用户接口组件中的【Button】组件拖动到场景中，如图 10-2 所示。

步骤❷ 在【属性】面板中可以设置【Button】组件的实例名称为"NewButton"，如图 10-3 所示。

图 10-2　创建按钮组件

步骤❸ 在【组件参数】参数组中设置【label】为"单击我"；勾选【enabled】复选框，使之处于可用状态；勾选【visible】复选框，使之处于可见状态，如图 10-4 所示。设置完成后的效果如图 10-5所示。

图 10-3　设置实例名称　　　　　　图 10-4　设置参数　　　　　　图 10-5　设置完成后的效果

> **提示**
>
> 实例名称在代码控制该按钮时使用，label 是指实例上所显示的文字。

步骤④ 选择第 1 帧，按 F9 键打开【动作】面板，输入以下代码，如图 10-6 所示。

```
NewButton.addEventListener(MouseEvent.CLICK, clickHandler);
function clickHandler(event:MouseEvent):void {
    trace("我被单击了！");
}
```

步骤⑤ 按 Ctrl+Enter 组合键测试影片，当单击按钮时，在【输出】面板中显示"我被单击了！"，如图 10-7 所示。这便是一个最简单的创建组件并为其添加事件的相应的效果。

图 10-6　输入代码

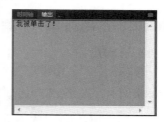

图 10-7　输出事件

2. 使用代码创建组件

可以使用代码实现和用户接口组件完全相同的功能。

步骤① 将要使用的组件拖入【库】面板中，这里将【Button】组件拖入【库】面板中，如图 10-8 所示。

步骤② 选中第 1 帧，按 F9 键打开【动作】面板，输入以下代码，如图 10-9 所示。

```
import fl.controls.Button;
//导入按钮组件
var NewButton:Button = new Button();
//创建按钮实例
addChild(NewButton);
//将按钮实例加载到主场景中
NewButton.label = "单击我";
//设置按钮上的文字
NewButton.move(200,200);
//设置按钮的位置
NewButton.addEventListener(MouseEvent.CLICK, clickHandler);
//为按钮添加事件监听器
function clickHandler(event:MouseEvent):void {
trace("我被单击了！");
}
//定义事件监听器的相应函数
```

图 10-8　将组件拖入【库】面板　　　　　　　　　　图 10-9　输入代码

步骤❸ 测试影片，单击按钮，也会得到图 10-7 所示的提示信息。说明创建组件有两种方法。读者可以根据提供的代码与前面的操作进行对比，看看哪些操作和代码具有相同的功能。

10.1.2　基础训练——制作"脑筋急转弯"

组件由于其特殊的功能性，常用于开发网络测试小软件，如个人性格测试、心理测试、脑筋急转弯等。

在本案例中，将使用用户接口组件开发一个脑筋急转弯测试小软件，其效果如图 10-10 所示。

图 10-10　脑筋急转弯效果

【操作要点】

步骤❶ 打开素材文件"素材\第 10 章\脑筋急转弯\脑筋急转弯.fla"。

步骤❷ 单击"组件"图层的第 1 帧，执行【窗口】/【组件】菜单命令，打开【组件】对话框，如图 10-11 所示。拖入 3 个【RadioButton】组件和 1 个【Button】组件，如图 10-12 所示。

步骤❸ 在【属性】面板【组件参数】参数组的【属性】中分别设置舞台上的 3 个【RadioButton】组件的【label】参数为"月季花""梅花""塑料花"，【Button】组件的【label】参数为"看答案"，如图 10-13 所示。修改参数后的效果如图 10-14 所示。

图 10-11　【组件】对话框　　　　　图 10-12　拖入组件　　　　　　图 10-13　修改组件的【label】参数

步骤④ 设置"月季花"的【value】为"1"、实例名称为"yjh"，如图 10-15 所示；设置"梅花"的【value】为"2"、实例名称为"mh"，如图 10-16 所示。

图 10-14　修改参数后的效果　　　　图 10-15　"月季花"的设置　　　　图 10-16　"梅花"的设置

步骤⑤ 设置"塑料花"的【value】为"3"、实例名称为"slh"，如图 10-17 所示；设置"看答案"的实例名称为"seeResult"，如图 10-18 所示。

图 10-17　"塑料花"的设置　　　　　图 10-18　"看答案"的设置

步骤⑥ 单击"组件"图层的第 2 帧，选择菜单命令【窗口】/【组件】，打开【组件】对话框，选择【Label】组件，将【Label】组件拖曳到舞台并调整其位置，如图 10-19 所示。设置其实例名称为

"result"，如图 10-20 所示，添加【Label】组件的效果如图 10-21 所示。

图 10-19　选择【Label】组件　　　　图 10-20　设置实例名称　　　　图 10-21　添加【Label】组件的效果

步骤⑦ 在"组件"图层的第 1 帧上输入以下代码。

```
stop();
//用来保存所选择答案的变量
var resultNum:Number=0;
//引入 RadioButtonGroup 类
import fl.controls.RadioButtonGroup;
//定义一个 RadioButtonGroup 实例
var myGroup:RadioButtonGroup=new RadioButtonGroup("myGroup");
//将舞台上的三个 RadioButton 组件的组设置为 myGroup
yjh.group=myGroup;
mh.group=myGroup;
slh.group=myGroup;
//制作按钮
seeResult.addEventListener(MouseEvent.CLICK, Click);
//按钮相应函数
function Click(e) {
//判断如果单选按钮其中一个被选择，即播放到下一帧
if (e.target.parent.myGroup.selectedData!=undefined) {
    resultNum=e.target.parent.myGroup.selectedData;
    e.target.parent.nextFrame();
}
}seeResult.addEventListener(MouseEvent.CLICK, Click);
//按钮相应函数
function Click(e) {
//判断如果单选按钮其中一个被选择，即播放到下一帧
if (e.target.parent.myGroup.selectedData!=undefined) {
    resultNum=e.target.parent.myGroup.selectedData;
    e.target.parent.nextFrame();
}
}
```

提示

素材文件"素材\第 10 章\脑筋急转弯\第 1 帧代码.txt"提供了本案例涉及的所有代码。

步骤⑧ 在"组件"图层的第 2 帧上输入以下代码。

```
//判断选择结果
if (resultNum==3) {
result.text="恭喜,您答对了! ";
} else {
result.text="遗憾,您答错了! ";
}
```

步骤⑨ 保存测试影片,一个脑筋急转弯的测试小软件制作完成。

10.2 使用视频组件

【知识解析】

对视频组件的操作也是通过对其参数的控制来实现的。其中【FLVPlayback 2.5】组件是最重要的视频组件之一,其他媒体控制组件都是基于该组件的。

10.2.1 认识视频播放器组件

从【组件】面板中将【FLVPlayback 2.5】组件拖入舞台,如图 10-22 所示,在【属性】面板中即可查看其所有参数,如图 10-23 所示。

图 10-22 【FLVPlayback 2.5】组件

图 10-23 【FLVPlayback 2.5】参数

1. 【FLVPlayback 2.5】组件参数

【FLVPlayback 2.5】组件的几个常用参数及其作用如表 10-1 所示。

表 10-1 　　　　　　　　　　【FLVPlayback 2.5】组件的几个常用参数及其作用

参数	作　　用
skin	控制【FLVPlayback 2.5】组件的界面和控件,单击其后的 ✎ 按钮可以打开【选择外观】对话框,从【外观】下拉列表中选取一种外观,如图 10-24 所示
source	指定【FLVPlayback 2.5】组件播放视频文件的地址,单击其后的 ✎ 按钮可以打开【内容路径】对话框,可以浏览导入需要播放的视频,如图 10-25 所示。若勾选【匹配源尺寸】复选框,可以根据播放的视频的尺寸调节播放器尺寸
volume	控制【FLVPlayback 2.5】组件播放时的声音
skinAutoHide	播放视频时自动隐藏【FLVPlayback 2.5】组件的播放控件

图 10-24　更改外观　　　　　　　　　　图 10-25　导入视频

2. 使用【FLVPlayback 2.5】组件

使用【FLVPlayback 2.5】组件可以快速制作一个"网络视频播放器"，通过输入有效的 FLV 视频的地址，单击播放按钮来加载并播放该影片，其制作思路和效果如图 10-26 所示。

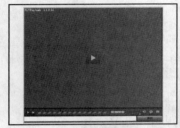
放入组件设置实例名称

在第 1 帧处输入控制代码

最终测试效果

图 10-26　制作思路和效果

【操作要点】

（1）新建文档

步骤❶ 新建一个 ActionScript 3.0 文档。

步骤❷ 按照图 10-27 所示设置文档属性。

（2）放置组件

步骤❶ 放入【FLVPlayback 2.5】组件。

① 按 Ctrl+F7 组合键打开【组件】面板。

② 从【Video】中将【FLVPlayback 2.5】组件拖入舞台。

③ 在【属性】面板设置其位置、大小和实例名称。参数设置如图 10-28 所示，创建的【FLVPlayback 2.5】组件如图 10-29 所示。

图 10-27　设置文档属性　　　　　　图 10-28　参数设置 1　　　　图 10-29　创建的【FLVPlayback 2.5】组件

步骤② 放入【TextInput】组件。

① 从【User Interface】中将【TextInput】组件拖入舞台。

② 在【属性】面板设置其位置、大小和实例名称。参数设置如图 10-30 所示,创建的【TextInput】组件如图 10-31 所示。

图 10-30　参数设置 2　　　　　图 10-31　创建的【TextInput】组件

步骤③ 放入【Button】组件。

① 从【User Interface】中将【Button】组件拖入舞台。

② 在【属性】面板设置其位置、大小和实例名称。

③ 在【组件参数】参数组中设置【label】为"播放"。参数设置如图 10-32 所示,创建的【Button】组件如图 10-33 所示。

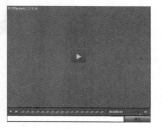

图 10-32　参数设置 3　　　　　图 10-33　创建的【Button】组件

步骤④ 输入控制代码。

① 选中"图层 1"的第 1 帧。

② 按 F9 键打开【动作】面板。

③ 输入以下代码。

```
//为按钮添加单击事件
mButton.addEventListener(MouseEvent.CLICK, fl_MouseClickHandler);
//创建单击事件响应函数
function fl_MouseClickHandler(event:MouseEvent):void
{
//舞台上mFLVPlayback组件的显示路径为TextInput组件的内容
mFLVPlayback.source = mTextInput.text;
   mFLVPlayback.play();
}
```

步骤⑤ 测试影片,视频效果如图 10-34 所示。

① 按 Ctrl+Enter 组合键测试影片。

② 在【TextInput】组件中输入视频的地址,例如"D:\汽车.flv"

图 10-34　视频效果

（读者可以将素材文件"第 10 章\素材\网络视频播放器\汽车.flv"复制到 D 盘根目录下）。

③ 单击 [播放] 按钮，即可加载并播放该影片。

步骤⑥ 按 Ctrl+S 组合键保存影片文件，案例制作完成。

10.2.2　基础训练——制作"视频点播系统"

当视频在网络上传输时，如果文件太大，就会影响传输速度。所以有时候需要将视频文件分割成小段来分别传输。在本案例中使用用户接口组件和视频组件结合的方式制作一款具有点播功能的视频播放器，来播放被分割成 5 段的视频。其制作思路和效果如图 10-35 所示。

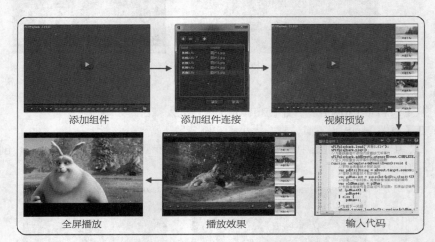

添加组件　　　添加组件连接　　　视频预览

微课：制作"视频点播系统"

全屏播放　　　播放效果　　　输入代码

图 10-35　制作思路和效果

【操作要点】

1．设计界面

步骤❶ 新建一个 ActionScript 3.0 文档，设置文档尺寸为"650 像素×400 像素"，【背景色】为"黑色"，其他属性保持默认参数。

步骤❷ 新建两个图层，并从上至下依次命名为"代码""播放器组件""用户接口组件"，如图 10-36 所示。

步骤❸ 将【FLVPlayback】组件拖动到"播放器组件"图层上，并设置其宽、高分别为"550""360"，位置坐标 X、Y 分别为"0""0"。设置组件的【skin】参数为"SkinUnderAllNoCaption.swf"，组件效果如图 10-37 所示。

图 10-36　新建并重命令图层

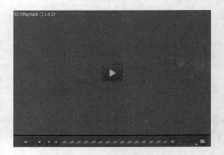

图 10-37　组件效果 1

步骤④ 将【TileList】组件拖入"用户接口组件"图层，并设置其宽、高分别为"100""400"，位置坐标 X、Y 分别为"550""0"，组件效果如图 10-38 所示。

2. 添加组件连接

步骤① 按 Ctrl+S 组合键保存文件，然后将"素材\第 10 章\视频点播系统"中的"视频 1.flv"~"视频 5.flv"和"图片 1.jpg"~"图片 5.jpg"复制到与本案例源文件相同的目录下。

步骤② 选中舞台中的【TileList】组件，在其【属性】面板中展开【组件参数】参数组，单击【dataProvider】选项的 ✎ 按钮，打开【值】对话框，如图 10-39 所示。

步骤③ 连接单击 5 次 ➕ 按钮，创建 5 个值，如图 10-40 所示。

图 10-38　组件效果 2

图 10-39　【值】对话框

图 10-40　创建值

步骤④ 依次修改"label0~label4"的【label】选项为"视频 1.flv""视频 2.flv""视频 3.flv""视频 4.flv""视频 5.flv"，依次填写【source】选项为"图片 1.jpg""图片 2.jpg""图片 3.jpg""图片 4.jpg""图片 5.jpg"，如图 10-41 所示。

步骤⑤ 单击 确定 按钮完成【值】创建，测试影片即可看到图 10-42 所示的视频片段预览效果，此时的【TileList】组件已经显示出视频片段的预览图。

图 10-41　修改值

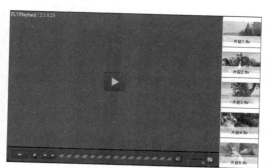

图 10-42　视频片段预览效果

3. 编写后台程序

步骤① 选择舞台中的【FLVPlayback】组件，并设置其实例名称为【mFLVplayback】，选择舞台中的【TileList】组件，并设置其实例名称为"mTileList"。

步骤② 在"代码"图层的第 1 帧上添加如下代码。

```
//为"TileList"组件添加事件
```

```
mTileList.addEventListener(Event.CHANGE,onChange);
//定义事件函数
function onChange(mEvent:Event):void {
// "FLVplayback"组件加载电影片段
mFLVplayback.load(mEvent.target.selectedItem.label);
//播放视频片段
mFLVplayback.play();
}
```

步骤③ 测试影片，单击右边的视频片段阅览图即可观看相应的视频片段，如图 10-43 所示。

图 10-43 观看视频片段

4. 测试完善系统

步骤① 测试观看视频片段后发现，系统没有自动播放的功能，看完一部分不能自动读取下一部分，这给用户带来极大的不便。所以在"代码"图层的第 1 帧上继续添加如下代码，设置自动播放功能。

```
//开始就默认播放片段 1
mFLVplayback.load("片段1.flv");
mFLVplayback.play();
//为播放器组件添加片段播放完毕事件
mFLVplayback.addEventListener(Event.COMPLETE,onComplete);
//定义片段播放完毕事件的相应函数
function onComplete(mEvent:Event):void {
//获取当前播放片段的名称
var pdStr:String = mEvent.target.source;
//提取当前播放片段的编号
var pdNum:int = parseInt(pdStr.charAt(2));
//创建一个临时数，用来存储当前片段的编号
var oldNum:int = pdNum;
//判断当前编号是否超过片段总数，如果超过编号等于 1，如果没有超过就加 1
if (pdNum<5) {
    pdNum++;
} else {
    pdNum=1;
}
```

```
//加载下一片段
mEvent.target.load(pdStr.replace(oldNum.toString(),pdNum.toString()));
//播放视频片段
mEvent.target.play();
}
```

> **提示**
>
> 素材文件"素材\第10章\视频点播系统\控制代码.txt"提供了本案例所需的全部代码。
> 此时的系统美中不足的就是当全屏播放的时候，播放控制器不能自动隐藏，从而影响了视觉效果。

步骤② 选中场景中的【FLVPlayback】组件，打开【属性】面板，勾选【skinAutoHide】复选框，如图 10-44 所示。

步骤③ 测试观看影片，最终效果如图 10-45 所示。

图 10-44　设置自动隐藏控制

普通效果

全屏效果

图 10-45　最终效果

10.3　综合应用——制作"信息注册系统"

在日常工作和娱乐中，在申请各种账号的时候，都需要填写相应的注册信息表。本案例将带领读者制作"个人信息注册"效果，其制作思路和效果如图 10-46 所示。

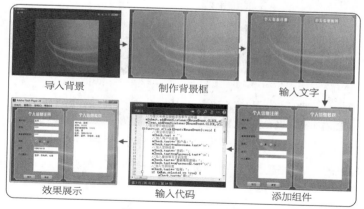

微课：制作"信息注册系统"

图 10-46　制作思路和效果

【操作要点】

1. 制作背景

步骤❶ 新建一个 ActionScript 3.0 文档，文档属性使用默认参数。

步骤❷ 新建 4 个图层，并从上至下依次重命名为"代码""组件""文字""框""背景"，如图 10-47 所示。

步骤❸ 选择菜单命令【文件】/【导入】/【导入到舞台】，将"素材\第 10 章\信息注册系统\背景.bmp"文件导入"背景"图层，设置图片宽，高分别为"550""400"，并使其相对舞台居中对齐，此时的舞台效果如图 10-48 所示。

图 10-47　新建并重命名图层　　　　　图 10-48　舞台效果

2. 制作背景框

步骤❶ 将"背景"图层锁定，选择【矩形】工具▣。在【属性】面板中设置【笔触颜色】为"白色"且其【Alpha】值为"50%"，【笔触高度】为"3.00"，【填充颜色】为"白色"且其【Alpha】值为"40%"，【圆角】参数为"-10.00"，如图 10-49 所示。

步骤❷ 在"框"图层上绘制一个宽、高分别为"255.00""385.00"的内圆角矩形，并使其相对舞台居中对齐，参数设置如图 10-50 所示，矩形效果如图 10-51 所示。

图 10-49　设置矩形参数　　　　　图 10-50　参数设置

步骤❸ 双击选中绘制的矩形，按住 Ctrl 键拖动复制出一个矩形，然后分别调整两个矩形的位置，如图 10-52 所示。

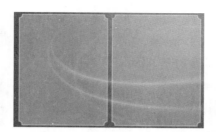

图 10-51　矩形效果　　　　　　　　　　　图 10-52　复制矩形

3. 输入文字

步骤①　锁定"框"图层，利用【文字】工具 在"文字"图层上输入"个人信息注册"和"个人信息核对"两段文字，并设置【颜色】为"白色"，【大小】为"20.0"，【系列】为"方正姚体"（读者可以设置为自己喜欢的字体或者自行购买外部字体库），如图 10-53 所示。

步骤②　为了设计美观，分别将两段文字放置在图 10-54 所示的位置。

4. 设计组件

步骤①　根据日常经验进行分析，确定需要用户填写的信息项有用户名、密码、重新填写密码、性别、生日、个人爱好 6 项。将【Label】组件拖动到"组件"图层上，然后复制 5 个组件，并依次放置到图 10-55 所示的位置。

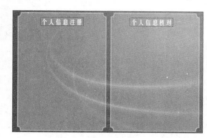

图 10-53　文字设置　　　　　　　图 10-54　调整文字的位置　　　　　图 10-55　调整【Label】组件的位置

步骤②　在【属性】面板中，从上到下依次修改【Label】组件的【Text】参数为"用户名:""密码:""重新填写密码:""性别:""生日:""个人爱好:"，如图 10-56 所示。

步骤③　将一个【TextInput】组件拖动到"组件"图层上，设置其宽、高分别为"130"和"22"，复制出 3 个【TextInput】组件，并调整其位置，如图 10-57 所示。

【TextInput】组件应与相应的【Label】组件对齐。

步骤④　将一个【RadioButton】组件拖动到"组件"图层上，并设置其宽、高分别为"50"和"22"，复制出一个【RadioButton】组件，然后分别修改其【label】属性为"男""女"，调整其位置，如

图 10-58 所示。

步骤⑤ 将一个【TextArea】组件拖动到"组件"图层上，设置其宽、高分别为"130"和"100"，调整其位置，如图 10-59 所示。

图 10-56　修改参数

图 10-57　设置输入框

图 10-58　设置性别项

图 10-59　设置个人爱好项

步骤⑥ 拖入两个【Button】组件，设置其宽、高分别为"60"和"22"，并分别修改其【label】参数为"提交""清空"，调整其位置，如图 10-60 所示。

步骤⑦ 在"个人信息核对"一侧也需要一个【TextArea】组件来对提交的信息进行显示，所以将一个【TextArea】组件拖动到"组件"图层上，并设置其宽，高分别为"180"和"280"，然后调整其位置，如图 10-61 所示。

步骤⑧ 至此，组件的布置就完成了，但这样的组件还不能被程序应用，还需要在【属性】面板中修改每个组件的实例名称。

图 10-60　设置按钮　　　图 10-61　设置核对区域

步骤⑨ 按顺序依次修改组件的实例名称为"mUserName""mPassword""mPassword2""mMan""mWoman""mBirthday""mLove""mSubmit""mClear""mCheck"，如图 10-62 所示。

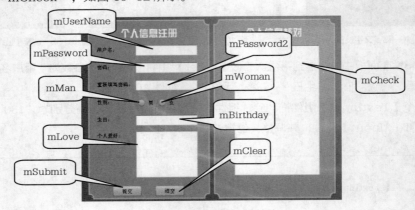
图 10-62　修改组件的实例名称

步骤⑩ 由于当用户输入密码时，"密码："和"重新填写密码："两项需要自动加密显示。所以在【属

性】面板中，勾选这两个【TextInput】组件的【displayAsPassword】
复选框，如图 10-63 所示。

5. 输入控制代码

由于本案例的操作为：当用户填写完成之后，单击【提交】按钮即可
在"个人信息核对"区域中显示用户填写的信息，单击【清空】按钮清除
用户已经填写的内容。所以在"代码"图层的第 1 帧输入如下代码。

图 10-63　设置密码显示

```
//为提交和清空按钮添加事件监听器
mSubmit.addEventListener(MouseEvent.CLICK,sClick);
mClear.addEventListener(MouseEvent.CLICK,cClick);
//定义提交相应函数
function sClick(Event:MouseEvent):void {
//清空核对窗口
mCheck.text = "";
//加入用户名信息
mCheck.text+="用户名: ";
mCheck.text+=mUsername.text+"\n";
//加入密码信息
mCheck.text+="密码: ";
mCheck.text+=mPassword.text+"\n";
//加入重新填写密码信息
mCheck.text+="重新填写密码: ";
mCheck.text+=mPassword2.text+"\n";
//加入性别信息
mCheck.text+="性别: ";
if (mMan.selected == true) {
    mCheck.text+="男\n";
} else if (mWoman.selected == true) {
    mCheck.text+="女\n";
} else {
    mCheck.text+="\n";
}
//加入生日信息
mCheck.text+="生日: ";
mCheck.text+=mBirthday.text+"\n";
//加入爱好信息
mCheck.text+="爱好: ";
mCheck.text+=mLove.text+"\n";
}
//定义清空相应函数
function cClick(Event:MouseEvent):void {
//清空用户名
mUsername.text = "";
//清空密码
```

```
mPassword.text= "";
//清空重新填写密码
mPassword2.text= "";
//清空生日
mBirthday.text= "";
//清空爱好
mLove.text= "";
}
```

提
示

素材文件"素材\第 10 章\信息注册系统\控制代码.txt"提供了本案例的全部代码。

保存测试影片，"个人信息注册"效果制作完成。

10.4 习题

1. 什么是组件，有何用途?
2. 用户接口组件主要有哪些基本类型?
3. 简要说明创建一个按钮组件的一般过程。
4. 视频组件有何用途。
5. 简要说明使用【FLVPlayback 2.5】组件制作视频播放器的一般步骤。